# 図説 世界の「最悪」航空機大全

ジム・ウィンチェスター　松崎豊一 監訳

原書房

# CONTENTS

本書では、150種におよぶ航空機に見開き2ページをあてて、簡潔な紹介記事と基本データを付し、それぞれの写真や図版に、具体的な「欠点」をキャプションとして入れ込んであります。

# はじめに
## *INTRODUCTION*

　本書に選んだ150機の「最悪」な航空機については、友人たちからさまざまな推薦を受けてはいるが、最終的に選んだ責任は著者の私にある。また、ここで選ばれたものが最悪の航空機の決定版だと考えてもらっては本意ではない。それぞれの航空機が抱えていた欠点を考えると、厳密に言えば多くは「最悪」というよりむしろ「失敗」ということだからだ。

　ここにあげた航空機の多くに、欠点をおぎなうだけの長所があった、かなり優れた航空機も多い。そのいくつかは商業的に成功せず、またいくつかは軍事面の要求にこたえられず、さらにいくつかは軍事的要求に厳格に従いすぎた。登場する航空機のなかには、図面から実物となって飛び立つことすらなかった機もある。どうにか図面段階から先に進みはしても、原寸模型や機体の一部が試作されただけでキャンセルされた航空機もいくつかある。

　本書には数社の航空機メーカーが繰り返し登場する。一般的に言えば、どんな会社でも出来の悪い航空機を作ってしまうことがある。会社には長い歴史があり、しかも新しいことに果敢に取り組んでいれば、やむをえない。当然だが、本書に登場した航空機メーカーの多くが今でも事業を続けている。もちろん本書は、そうした会社と現在の製品を中傷しているわけではない。今でも航空機を製造していることが（登場した製造業者のごく

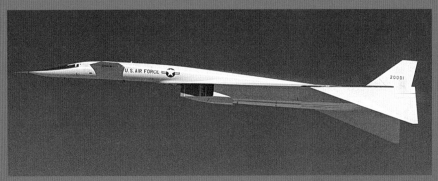

↑マッハ3の速度のでるノースアメリカンXB-70はめざましい技術的偉業だったが、政治と軍事面の状況変化、泣きたくなるほど高額なコストの犠牲になった。

←水平ではなく垂直飛行というまったく逆の概念のヒラーVZ-1はひとり乗りの装置で、兵士1名が地面から大騒音をたてて数メートル浮上できる。この機の実用的利用法は見つからなかった。

一部しか存続していない)、その会社が正しい道筋をたどってきたことの証[あかし]なのだから。

　1920年代までの航空機設計はまだ揺籃期にあったし、学ぶべきことも数多くあった。それを考えると、この時代の設計をあまりに厳しい目で見るのは不当だろう。今になって考えると明らかに大惨事が起こると思えても、当時の航空学では大いなる進歩に見えたことだろう。もちろん、「わかっていなかった」と言っていい設計者も大勢いる。ライト兄弟やルイ・ブレリオなどの偉大なパイオニアたちが全員間違っているのだ、という自説を証明したくて多葉式飛行機や羽ばたき式飛行機などを作った発明家もいた。果たして彼らの作った機は激しく振動してばらばらになった。せめてもの救いは、あまり高くまで上昇できなかったから、パイロットの危険がそれほど大きくなかったことだ。

　現在では、「劣った」品質の航空機が製造されることはまずない。発達したコンピュータ・モデリングとシミュレーションのおかげで、金属板（あるいは炭素繊維）が切断される前に欠陥が排除される。大規模な航空機プロジェクトが数少ないうえに、巨額なコストがかかるせいで、失敗すると「会社の存続にかかわる」ため、航空機メーカーはリスクを嫌う傾向になっていった。

　ここに選んだすべての航空機は、愛するがゆえに生み出されたものだ。作った人の夢の表現であり、人生において多くの金銭と努力を費やしてきた。大勢の人が、財産や才能ある人物の経歴、そして乗組員の命が無駄に費やされるのを目撃してきた。挑戦したがゆえに失敗した人を攻撃するのはもちろん本意ではない。今まで飛ぶ機械を設計したこともない私としては、ここに取り上げた、空を悠々と飛べなかった数多くの航空機に対して、いくぶんのおかしみを感じてもらえればありがたいと思っている。

巨大なブリストル・ブラバゾン。ボーイング747より大き
な大型定期旅客機（訳注：翼幅が747より約10ｍ大きい）
として製造されたが、第２次世界大戦後のイギリス航空機
産業の資金では費用がまかなえないことが判明した。

# 「空気」が
# 読めなかった
## *BAD TIMING*

　この章の航空機のほとんどは、大成功する可能性があったのに、登場が
遅すぎてすぐに時代遅れになってしまったもの、あるいは逆に、はじめの
うちは成功したが最も必要とされるときに保証期限が切れてしまっていた
ものだ。

　軍用航空機の場合は一般的に、不幸なことに犠牲になった若者の命の数
で時代遅れだと判断された。だめな戦闘用航空機は、できるだけすみやか
に訓練や前線以外の部隊へと追いやられるのが普通である。しかしダグラ
スTBDデバステイターやフェアリー・バトルのように、大きな人的被害
を出したあとだったことも多かったのだ。

　軍事的要求は戦時に特に変化する。ボーイング・シーレンジャーが完成
時に時代遅れになってしまった理由は、太平洋戦争の開始でアメリカ海軍
が戦略を変更したからにすぎない。ダグラス・ミックスマスターがあと数
年早く登場していたら、素晴らしい航空機だったはずだ。提案されていた
攻撃機型が、空軍が主張していた通りのタイミングで就役していれば、朝
鮮戦争で間違いなく活躍していただろう。

　民間機の分野では、DC-3の代替機を作ろうという過程で、サーブ・ス
カンディアやアビエーション・トレーダーズのアカウンタントのような、
初期の失敗作が生まれている。

# アビエーション・トレーダーズ

## AVIATION TRADERS ATL-90 ACCOUNTANT

　第2次世界大戦後に航空機会社と空軍でのDC-3代替機として計画されたのが、アカウントラントだった（経済的だと考えられたために会計士という名前がついた）。主として旅客機から貨物機への改造を仕事としていたイギリスの小企業アビエーション・トレーダーズは、1952年にターボプロップという近代技術で市場に参入することを決めた。製造法と構造についての発想を大きく変えた同社は、生産型はプロトタイプから大きく変わると確約していた。しかしこれは、マーケティング戦略としては賢明ではなかったのかもしれない。もし大量に受注しても、同社には製造に適した設備がなかったからである。結局、アビエーション・トレーダーズの会計士たちの懸念を受けて、これ以上事業を進めないこと

が賢明だと判断された。ATL-90はほんの短いあいだ飛行試験を行ったあと、1958年に保管されることになり、1960年には解体されてしまった。

　アカウントラントのそもそもの問題は、登場するタイミングがまずかったことだ。アビエーション・トレーダーズを所有していたフレディー・レイカーが進出しようとしていた市場には、すでにハンドレページ・ダートヘラルドやアブロ748、さらにはベストセラー機だったフォッカーF.27フレンドシップという、ターボプロップ式の3種類の「中短距離」航空機がじゅうぶんに行き渡っていた。アカウントラントのプロトタイプは1957年のファーンバラ航空ショーで展示され、なかにはかなりの興味を示した小企業があったものの、受注には結びつかなかった。

## アビエーション・トレーダーズには受注機を生産する設備がなかった。

アビエーション・トレーダーズという小企業は、競争の激しい市場ですでに地位を確立した航空機に取って代わろうとした。

### データ

**乗員**：乗組員2ー3名と乗客28名
**動力装置**：ロールスロイス・ダートR.DA.6ターボプロップ、1730shp×2
**巡航速度**：470km/h（295MPH）
**翼幅**：25.15m
**全長**：18.93m
**全高**：7.70m
**重量**：最大14,512kg

## ATL-90アカウントタント「好みはさまざま」

アカウントタントを製造した会社のオーナーであるフレディー・レイカーは、ゼロから複雑な航空機を新たに作り上げようと努力するのは愚かだという苦い経験を学び、このあとは金になる他分野へと進出していった。

### タイミングがすべて

実際のところ、アカウントタントはそれほど悪い航空機ではなく（名前はともかく）、発表時期がまずかっただけだ。市場にはすでに、人気の高い類似の航空機があふれていた。

ロールスロイスの「ダート」ターボプロップエンジンは当時人気があり、健全な財政基盤を持つ大手メーカーが製造した、フォッカーのフレンドシップとハンドレページのダートヘラルドの動力装置でもあった。

標準座席数は28になるはずだったが、14席のファーストクラスを持つ全42席のATL-91も計画されていた。

胴体前部が独特の形をしているのは、貨物輸送型のために提案されたスイングノーズだったからだ。旅客機型の機首の形はこれとは異なる予定だった。

# ブロームウントフォスBV238

## BLOHM UND VOSS BV238

　もともとは戦後のルフトハンザ航空の旅客飛行艇として設計されたBV238は、1941年に軍用の海洋哨戒機と輸送機として作り替えられた。完成した1944年にはマクシム・ゴーリキー（ソ連）以来で最大の航空機であり、それまでに製造された最も重い航空機だった。

　空力と水上走行試験が必要だと考えられたためFGP227と呼ばれる４分の１スケールの試験機が作られたが、車輪つきでの離陸に完全に失敗し、その後破壊工作で損傷を受けた。結局FGP227は原型のBV238初飛行より５カ月遅れて水上からの初飛行を行ったが、離陸直後に６基の全エンジンが停止した。１機だけ完成し、1944年４月に初飛行した原型BV238は、同年９月にP-51マスタング機によって湖上で機銃掃射されて沈められてしまった。当時すでにBV238が３機と陸上機となるBV250爆撃機が３機製造中だったが、飛行している唯一の実機を失ったことで、ドイツ空軍はこの機をあきらめてしまった。

　軍用として設計されていたBV238だったが、民間機としての設計研究がはじまった。しかしその後の1942年には、軍用陸上機であるBV250へと変更された。新たな航空機は飛行艇と同じエンジンが必要だったが、複数の車輪を持つ着陸装置という特色を持つことになっていた。戦争が終わったときにはプロトタイプがすでに４機発注されていたが、実際には１機も飛行しなかったのは不幸中の幸いだった。もし実際にBV250が飛んでいたら、確実に大惨事を引き起こしたことだろう。

BV238の開発は開始が遅すぎただけでなく時間がかかりすぎたため、実際に飛行したときには制空権は失われてしまっていた。さらに、この機は空中でも水上でも脆弱だった。

| データ | |
| --- | --- |
| 乗員：12名 |
| 動力装置：ダイムラーベンツDB603G 液冷ピストンエンジン、1900hp×6 |
| 最大速度：425km/h |
| 翼幅：60.17m |
| 全長：43.35m |
| 全高：12.80m |
| 重量：最大100,000kg |

# BV238「陸上の魚のように場違い」

BV238は重量がありすぎたし、計画を実現するために必要なエンジンもなかった。これらの欠点にもかかわらず、軍事向きだと公言されていた。

## 戦争の犠牲

第2次世界大戦末期に製造されたBV238は、さまざまな災いに苦しめられた。テストではいくつかの欠陥が指摘されており、プロトタイプが機関銃で沈められたときに計画は棚上げになった。

BV238の軍事供用が開始されるときには、前部と尾部の砲塔、主翼の後部と胴体の側面に機関銃を装備することになっていた。また背面の砲塔には20mm砲2門の装備が予定されていた。

BV238は1944年には世界で最も重量の大きな航空機だった。最大積載時には、空中に浮上するために補助ロケットが必要だっただろう。

動力装置として最初に選ばれていたのは24気筒のユモ223エンジン6基だったが、このエンジンが入手できなかったために、12気筒のダイムラーベンツの液冷エンジンで間に合わせるほかなかった。

# ボーイングXPBB-1

## BOEING XPBB-1 SEA RANGER

　1940年、アメリカ東海岸沖に出没するドイツ軍Uボートへの解決策は、大型の長距離爆撃飛行艇だと考えられていた。戦前の大型旅客飛行艇「クリッパー」製造の実績を持っているため最適のメーカーと見られたボーイングに対して、海軍はまず57機を発注した。ボーイングはシーレンジャー製造のために、ワシントン湖畔のレントンに新しい工場を建設した。1942年の７月に飛行したXPBB-1のプロトタイプは、当時製造された最大の双発機となった。しかし陸軍省は太平洋戦争での経験から、戦略を完全に変更し、洋上作戦にも陸上爆撃機を使用することを決定した。こうしてシーレンジャー計画はキャンセルとなり、レントン工場はカンザス工場に替わって陸軍専用の工場とされた。レントン工場ではひきつづきB-29爆撃機を1000機以上、その後はC-135ジェット給油機／輸送機や707旅客機を製造した。たった１機だけの

シーレンジャーは一度も戦闘任務につくことなく、やがて廃機となって解体された。

　アメリカ海軍はシーレンジャーの行動半径を広げるために、巨大なはしけからカタパルトで航空機を射出するなど、奇妙な計画を考え出している。専門家の考えでは、この方法で離陸に必要な大量の燃料を節約できるため、通常は約6830kmの航続距離が事実上倍になるはずだった。この計画の取り消しをきっかけに、ボーイングの歴史ある水上飛行機製造は終わりを告げた。

---

### データ

**乗員**：10名
**動力装置**：ライトR-3350-8空冷星型ピストンエンジン、2300hp×2
**最大速度**：348km/h
**翼幅**：42.58m
**全長**：28.88m
**全高**：10.40m
**重量**：45,872kg

---

## 1機だけのシーレンジャーが戦闘任務につくことはなかった。

たった１機だけ製造されたシーレンジャーが、ローンレンジャーとして知られるようになったのも不思議はない。このXPBB-1がその製造工場から飛び立ったとき、ボーイングの飛行艇製造の長い歴史に終止符が打たれた。

## XPBB-1シーレンジャー「空のローンレンジャー」

唯一のXPBB-1は引退までにアメリカ海軍でさまざまな任務を果たしたが、そのほとんどは輸送任務だった。

### 飛行艇

シーレンジャーは、より多くの爆撃飛行艇を供給しようという計画における、最初で最後の実例だった。陸軍省は考えを変えてしまい、陸上機へと逆戻りした。

これほど巨大な飛行艇としては驚きだが、XPBB-1のエンジンは2基だった。防御装備は機関銃4挺だけだったものの、爆弾積載量はB-29より大きかった。

XPBB-1の翼はB-29スーパーフォートレス（超空の要塞）をもとにしていた。この機の空力設計の一部はボーイング・モデル314クリッパーのそれを引き継いでいた。

もともと長いシーレンジャーの航続距離をさらに延ばすために、離陸用カタパルトを乗せた特製のはしけを使う計画があったが、テストされることはなかった。

# ボールトンポール・デファイアント
## BOULTON PAUL DEFIANT

「バトル・オブ・ブリテン」でスピットファイアやハリケーンとともに戦った、まったく概念の異なるデファイアント戦闘機には致命的な欠陥があることが判明した。最初の数回の戦闘では、デファイアントはドイツ空軍に対する戦術的不意打ちの役割を果たした。後方視界に無防備なハリケーンがいると考えて背後から接近したドイツ空軍戦闘機は、4挺の機関銃から集中砲火をあびるという羽目になったのだ。やがてメッサーシュミットBf109のパイロットは、デファイアントは速度が遅く、搭載された機銃は前方に向けるのが難しいことを学んだ。1940年7月のある交戦では、第141飛行中隊は出撃したすべてのデファイアントである9機を失ってしまった。このような大惨事が起こったため、デファイアントはすぐに昼間戦闘飛行隊から引き上げられた。デファイアントは夜間戦闘機としてのほうが効果的で、1940年から1941年にかけて最も成果を上げたイギリスの航空機となった。

夜間戦闘機としての役割を担うときには、砲手が無防備な敵の下部に発砲できるように、パイロットは敵の爆撃機の下に潜り込むようにつとめていた。戦争後期にはドイツ軍も同様の手法を採用し、イギリス空軍の夜間爆撃機に大損害を与えている。パイロットのなかには、デファイアントは降下時に高加速度が得られるのだから、戦闘機ではなく優秀な対地攻撃機になると提案したものもいた。

## まったく概念の異なる戦闘機であり、致命的な欠陥があることが判明した。

重い4連装の砲塔がデファイアントの性能と運動性に大きな影響を与えた。ドイツ空軍はこの機の弱点を発見し、バトル・オブ・ブリテンでは数個の飛行中隊が壊滅させられている。

### データ
乗員：2名
動力装置：ロールスロイス・マーリンXXピストンエンジン、1280hp×1
最高速度：504km/h
翼幅：11.98m
全長：10.77m
全高：3.45m
全備重量：3820kg

# デファイアント「夜にまぎれて」

砲塔を取り外したデファイアントは操縦しやすく、きびきびと動いた。欠陥があったのは航空機そのものではなく、概念だったのだ。

## 夜の鷹

デファイアントは悪い航空機ではなかったが、昼間戦闘機としての配備は大きな間違いで、人命が失われる結果となった。この航空機は夜間任務のほうが活躍した。

MkIIモデルには、より強力なマーリン・エンジンとより大きな方向舵が取り付けられた。この航空機の多くが標的曳航機に転換され、残りは海上での救助活動に使われた。

デファイアントMkIは当時のスピットファイアやハリケーンと同じマーリン・エンジンを備えていたが、より大型で大幅に重かった。

砲手が武器すべてを扱っていたのは、パイロットが攻撃に気を取られずに操縦に専念できると考えられていたからだ。

# ブリストル・ブラバゾン
## BRISTOL BRABAZON

　戦争のさなか、ブラバゾン卿のひきいる委員会はイギリスの戦後民間航空のニーズについて計画を作成していた。イギリスで設計された史上最大の陸上飛行機が3年かけて完成したとき、敬意を表して卿の名前がつけられた。設計ではプロテウス・ターボプロップエンジン4基を使用する前提だったが、エンジンが入手困難だったためにセントーラス空冷ピストンエンジンを8基使用し、ギアにより4個の2重反転プロペラを駆動する方式が採用された。だがこのエンジンは適正な性能を発揮するにはまったくの馬力不足だった。

　航続距離と搭載量を極力大きくすることを意図した設計だったため、構造はあまりにも軽く作られてしまった。外板と骨組みに亀裂が発見されていたが、ブラバゾンがそれほど長く飛ばなかったために、これらの欠陥が致命的だと証明されることはなかった。しかしながらこのことは、ブラバゾンに制限なしの運行を認めてしまった官僚主義に欠陥があることを証明した。こうした設計上のトラブルと増大するコストのせいで、この機は1952年に廃棄されることになった。

　ブラバゾンが旅客機には適していないのがはっきりしていたにもかかわらず、別の利用法が提案された。あるときに提案されたのは、タンガニーカ（訳注：現タンザニアの旧英国信託統治領）からイギリスへピーナッツを運ぶ輸送機としての利用だった。タンガニーカでは、当時のイギリス政府が植物油生産のためのピーナッツ栽培計画にかかわっていた。輸送費のためにピーナッツが非常に高価になってしまうこの提案は、結局実現することなく終わった。

## 構造はあまりにも軽く作られてしまった。

ボーイング747より大型（翼幅は747より大きい）のブラバゾン大西洋横断旅客機は、巨大な無用の長物であることが判明した。スペースは大きすぎ、重量は過大で、100名の乗客を運ぶだけのエンジンパワーはなく、運行するにはおそろしく不経済だった。

### データ
**乗員**：操縦室6名、客室乗務員8名、乗客100名
**動力装置**：ブリストル・セントーラス20空冷星型ピストンエンジン、2650hp×8
**最大速度**：483km/h
**翼幅**：70.10m
**全長**：53.95m
**全高**：15.24m
**重量**：積載時131,524kg

# ブラバゾン「ブリストルの巨大な厄介者」

ブラバゾンは多くの点で時代に先駆けていたが、機体の先進的な設計に必要なエンジン技術が遅れていた。

## ブラバゾン降格

ブラバゾンの製造に3年という無駄な年月が費やされた。結局、この航空機には貨物機などの別の用途が提案されたものの、旅客機として運行されることはなかった。

客室の大部分が小さな区画に分かれており、映画上映室やカクテルバー、ラウンジなどがあった。乗客ひとりあたりのスペースは、現代のセダン型自動車と同じ程度だった。

極端に薄いエンジンナセルのように見える部分は、プロペラシャフトだけを覆っていた。2基1組のセントーラス・エンジンが薄い翼のなかに収容されていた。両翼は非常に長くて重く、着陸時に翼端が地面をこするのを防ぐためにバンパーが必要だった。

パイロットの力では手に負えないほどの大きな操縦翼面を持っていたため、ブラバゾンは飛行制御を100％動力で行った最初の飛行機だった。

# コンベア880/990

## CONVAIR 880/990

コンベアのジェット旅客機市場への進出の遅れの背後には、TWAの支配株主であり、絶大な影響力を持つハワード・ヒューズの存在があった。残念ながら、1950年代後半までは精神状態が良好だったヒューズは意欲にあふれており、絶え間なく要求を変えていた。ほかの航空会社が横配列6席のときにヒューズは5席を望み、さらにコンベアにTWAと直接競合する航空会社にジェット旅客機を売らせなかった。経営の悪化したTWAは最終的に、製造している18機のCV-880の代金は支払えないと通告してくる始末であった。結局は65機が販売されたが、販売額はエンジンや無線装置などの買い入れ部品費用を下回っていた。

完全に新しくしたCV-990はさらに

ひどい失敗で、37機が製造されただけで終わった。この大失敗はゼネラルダイナミクス（コンベアの親会社）に、ほぼ総資産の4分の1にあたる4億5000万ドルの損失を与えている。

コンベア990の1961年の飛行テストでは、数々の空力的欠陥が明らかになった。ひとつの解決策は、抵抗を減らすために外部に取り付けられたエンジン・パイロンを短くすることだった。さらなるテストと運行試験から必要だと判明した改良点は、パイロンをより流線型にすることと、翼の前縁下部にクルーガーフラップを取り付けることだった。これらの修正を加えた飛行機がコンベア990Aとして知られるようになった。

## 結局は65機が販売されたが、販売額は買い入れ部品費用を下回った。

CV-880は、競合機よりも速い毎秒880フィートの速度から名付けられた。残念なことにスペースがじゅうぶんでなく、航続距離も短かった。

### データ

乗員：4名、乗客133名
動力装置：ゼネラルエレクトリックCJ805ターボジェット、推力5080kg×4（CV-990はCJ805-23Bターボファン、7280kg×4）
最高速度：1006km/h
翼幅：36.58m
全長：42.49m
全高：12.04m
重量：最大115,688kg

# コンベア880/990「分別なしの想像力」

インターコンチネンタル（大陸間）運航
用となったコンベア880Mも、ライバル
のボーイング機やダグラス機と張り合う
ことはできず、アメリカ外の企業数社か
らわずかな注文を受けただけだった。

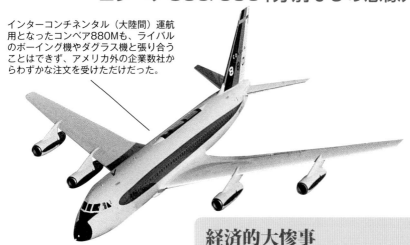

## 経済的大惨事

880と990のシリーズはコンベア社にとっては
まぎれもない大惨事だった。販売数は製造コ
ストにとうてい追いつかず、親会社のゼネラ
ルダイナミクスの業績は急降下した。

エンジンはF-104スーパーファ
イター、F-4ファントムと同じ
くJ79の民間型だった。

1列に5席の座席配置は乗客
には楽だったが、ボーイング
707やダグラスDC-8と比べて
収益性が低かった。

CV-990には、後縁に「クーシ
ュマン・キャロット」といわれ
る空力的フェアリングがあった。
これによって「エリアルール」
効果が生み出され、より大きな
マッハ数が可能になったため、
CV-990は史上最速の亜音速旅
客機となった。

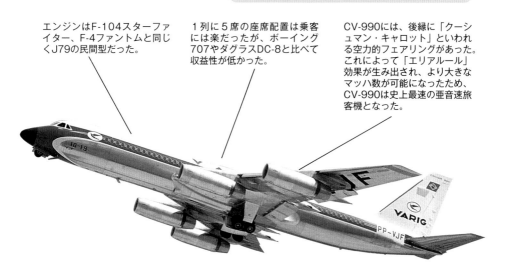

# コンベアB-32ドミネーター

## CONVAIR B-32 DOMINATOR

ドミネーターは、競争相手のB-29より2週間早く初飛行した。しかし、B-29スーパーフォートレスと同じエンジンを持っていたのに、競争相手に比べるとトラブルつづきで、B-32ドミネーターの生産型がやっと納入されたのは、B-29が戦闘に参加した8カ月後だった。このただでさえ遅い納入に間に合わせようと、最新式の遠隔操作の砲塔もキャビン与圧システムも装備されないままであった。このプロジェクトは数回、あわや取り消しか、という状態に陥っている。B-32を悩ませた問題点は数限りなくあった。プロトタイプには、エンジンのオイル漏れと冷却不足というなかなか解決できない問題があり、また与圧システムや砲塔、着陸装置の扉はトラブルのかたまりだった。

合計で118機のB-32が製造されたが、15機しか実戦部隊に配備されておらず、沖縄から戦闘任務に飛び立ったのは終戦までに6回だけだ。その間に1機のB-32が失われた。その後数回の偵察任務のあとでB-32の計画は取り消しになったが、製造はそのまま数カ月継続された。生産された機体はスクラップにされるために飛び立ち、残りは工場で解体された。

## 砲塔と着陸装置の扉はトラブルのかたまりだった。

ほとんど知られていないドミネーターは、B-29計画が失敗したときのためのバックアップとして製造された。同じ仕様になるように設計されたが、あらゆる点でそれには及ばなかった。

### データ

**乗員**：8名
**動力装置**：ライトR-3350-23デュプレックスサイクロン・空冷星型ピストンエンジン、2300hp×4
**最高速度**：575km/h
**翼幅**：41.15m
**全長**：25.02m
**全高**：9.80m
**重量**：積載時55,906kg

# ドミネーター「トラブルに支配された爆撃機」

ドミネーターのプロトタイプは双垂直尾翼形式だったが、安定性に問題があったため生産型の垂直尾翼は1枚になった。

最初のプロトタイプには、2枚の垂直尾翼を持つ巨大な尾翼が装着されていたが、生産型は、PB4Yプライバティアのような1枚の大型の垂直尾翼に変更された。

## 圧力のもとで

与圧キャビンの問題が解決できなかったため、生産されたB-32は中・低高度でしか作戦できなかった。同様に、安定性の問題も最後まで解消できなかったのである。

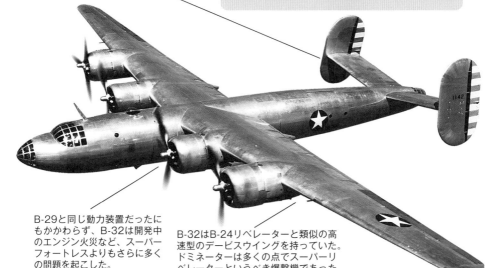

B-29と同じ動力装置だったにもかかわらず、B-32は開発中のエンジン火災など、スーパーフォートレスよりもさらに多くの問題を起こした。

B-32はB-24リベレーターと類似の高速型のデービスウイングを持っていた。ドミネーターは多くの点でスーパーリベレーターというべき爆撃機であったが、成功を得ることはできなかった。

# ダグラスTBDデバステイター

## DOUGLAS TBD DEVASTATOR

アメリカ海軍初の単葉式雷撃機であるTBDデバステイターは、新しい特徴を数多く具現化していた。しかし、戦闘の様相は複葉機時代から少し変わっていたのだ。魚雷攻撃を効果的に行うには低速で着実に接近する必要があるが、雷撃機のデバステイターはこの低速のせいで狙いやすい標的になった。向かってくる敵戦闘機と敵艦のあらゆる口径の砲からの砲撃のなかでは、攻撃の成功はただひたすらに、魚雷が正確に発射されるかどうか、そして実際に標的にぶつかって爆発するかどうかにかかっていた。ところが当時のアメリカ軍の魚雷は役立たずとして悪名が高かったのだ。デバステイターは珊瑚海海戦で日本軍の小型航空母艦１隻を沈めはしたが、1942年６月のミッドウェーの戦いでは日本軍艦艇に損害を与えないうちにほぼ全滅してしまった。この戦いに参加したデバステイター41機のうち帰還できたのは５機だけで、戦力として残ったデバステイターは20機以下になり、８月までに前線から引き上げられてしまった。

低速だという事実はさておき、デバステイターの大きな欠点は防御火器が不充分なことだった。後部コックピットに据え付けられた0.3インチの機関銃１挺では、日本軍の三菱A6M零式戦闘機の大口径火器にはまったく歯がたたなかった。ミッドウェーの戦いでのデバステイターの損害は、ほとんどがこの大口径火器のせいだった。その後アメリカ海軍の攻撃機が防御装備を固めるにしたがって、しばしば日本軍のパイロットが犠牲になるようになった。

## 機関銃はまったく無力だった。

ミッドウェーの戦いにおける鈍重なデバステイターの最大の功績は、米海軍急降下爆撃機による攻撃を日本軍の目から覆い隠したことだ。この戦いの損害は、デバステイター全飛行隊と生存者１名をのぞくすべての乗員だった。

データ
乗員：３名
動力装置：プラット＆ホイットニーR-1830-64ツイン・ワスプ空冷星型ピストンエンジン×１
最高速度：332km/h
翼幅：15.24m
全長：10.67m
全高：4.60m
重量：最大4624kg

# デバステイター「日本軍のカモ」

TBDデバステイターに乗り組むアメリカ海軍搭乗員は、無力な飛行機に乗る自分たちの運命を知っており、最大限の勇気をふるって徹底的に戦った。

## 太平洋戦争の失敗

名前とは違って、デバステイター（破壊者）は空の恐怖とはとても言えなかった。第2次世界大戦の命運がかかった太平洋での戦いで、本機の作戦は絶望的な失敗であり、多くの人命が悲劇的に失われる結果になった。

アメリカ海軍の艦上攻撃機としては、TBDデバステイターがはじめて密閉式コックピットと全金属製構造を採用した。波板状の翼表面は強度を上げたが、抵抗を増大させてしまった。

デバステイターが戦闘で失敗した原因は、役立たずの魚雷と防御力の弱い装備、それに自動防漏式燃料タンクでなかったことだ。

折りたたみ翼は新しい機構だったため、大戦前の訓練時には往々にしてロックを忘れることがあり、離陸時に海に落ちてしまうことがあった。

# ダグラスXB-42ミックスマスター
## DOUGLAS XB-42 MIXMASTER

XB-42ミックスマスターの設計目的は、エンジンを胴体内部に据え付けて非常にすっきりした翼を持った、最大限の性能を発揮する双発機を作ることだった。飛行テストで、プロペラの振動と不充分なエンジン冷却といった不具合が発見された。操縦は難しく、特に問題なのは大きな偏揺れだった。2機あったXB-42のうちの1機はワシントン近くで墜落した。ダグラス社はさまざまな問題を順調に解決していったが、戦争が終わったために当時進んでいた多くの興味深い計画の緊急度が低下してしまい、アメリカ陸軍航空軍（USAAF）はジェット機が実現するまで待つほうが良いと判断した。それでもダグラス社は最善を尽くして、残る1機の主翼の下にウェスチングハウス19XB補助ジェット（推力730kg）を2基取り付けたXB-42Aへと改造した。この機は短い飛行歴のあいだにジェットとプロペラの相互作用についてのデータを提供したが、製造契約の可能性はすでになくなっていた。

## 偏揺れが大きく、操縦は難しかった。

調理器具のようなミックスマスターという名前のついた本機には初期の問題はあったものの、性能目標には適合、あるいは超過していた。ジェット機への転換が決まった時期に登場したのが不運だった。

> ### データ
> 乗員：3名
> 動力装置：アリソン
> V-1710-125液冷ピストン
> エンジン×2
> 最高速度：660km/h
> 翼幅：21.51m
> 全長：16.41m
> 全高：5.74m
> 重量：最大16,194kg

# XB-42ミックスマスター「翼のついた調理器具」

ダグラスは、XB-42のピストンエンジンを、G.E. TG-180（後のJ35）ジェットエンジン（推力1680kg）2基に置き換えたXB-43を開発し、戦後の1946年に初飛行させたが、これも2機試作されただけに終わった。

爆撃機版には12.7mm機銃6挺が装備された。翼後縁の4挺は、後ろ向きに回転できる座席に座ったコパイロットが扱った。攻撃機版には16挺の12.7mm機銃、あるいは75mm砲1門と12.7mm機銃2挺、もしくは37mm砲2門の装備が提案されていた。

## 商品棚に

名前は別として、実のところミックスマスターにはそれほど悪い点はなかった。登場したのが、アメリカ陸軍航空軍がこの種の航空機の製造を中止しようと決めたときという不運なタイミングだったのだ。

XB-42の原型には抵抗を最小化するために、パイロットひとりごとにバブル型キャノピーがあった。だが残念ながらこの配列では意思疎通が非常にむずかしく、パイロットからはひどく嫌われた。

飛行中に爆弾倉の扉を開くとプロペラへの気流が遮断され、大きな振動が発生した。

# フェアリー・アルバコア

## FAIREY ALBACORE

　古風な外観の1934年のフェアリー・ソードフィッシュは、第2次世界大戦における連合国空母搭載機の中で最も成功した1機だった。そのソードフィッシュの後継機と目された、密閉式コックピットを持つより強力なアルバコアは、1938年という早い時期に完成し、いろいろな長所が想定されていた。にもかかわらず、ストリングバッグ（針金カゴ）というあだ名のソードフィッシュに取って代わることはなかった。

　テストで判明したのは、前部キャビンは暑すぎ、後部キャビンは風通しが良すぎることだった。操縦舵面の動きは特にソードフィッシュと比べると非常に重く、失速特性も最悪であった。全体的に見ると、ソードフィッシュの望ましい性質すべてが、新しいモデルではことごとく失われていた。アルバコアは戦闘ではまずまずの成功をおさめたが、乗員たちはソードフィッシュを好み、「後継機」としての登場から1年続いたアルバコアの製造は段階的に中止されていった。ソードフィッシュはヨーロッパ戦争の終結まで軍務についていたが、遅れて登場したアルバコアの最後の機はそれより1年半前に姿を消している。

　アルバコアはまさに、戦争間近の1930年代後半にしばしば見られる、イギリス海軍本部の戦闘用航空機に対する先見性不足の典型的な例だった。この航空機は第2次世界大戦では対枢軸国軍の戦闘で立派な戦果を上げているが、その任務のほとんどは夜間に行われていた。昼間攻撃のため出撃したときには大損害をこうむっている。アルバコアのような航空機がアメリカ製の近代的航空機（TBFアベンジャーなど）に取って代わったとき、英国海軍航空隊の乗員たちは安堵の胸をなで下ろしたのであった。

> ### データ
> 乗員：3名
> 動力装置：ブリストル・トーラスXII空冷星型エンジン1130hp×1
> 最高速度：259km/h
> 翼幅：15.24m
> 全長：12.14m
> 全高：4.32m
> 重量：最大4745kg

ソードフィッシュの製造数は、陳腐なアルバコアの3倍にのぼった。アルバコアは信頼できるストリングバッグに取って代わるというより、むしろ補完するものだった。

# アルバコア「ソードフィッシュの不人気な後継機」

欠陥だらけのアルバコアだったが、北アフリカ戦線などでは、海岸沿いの標的への夜間攻撃に使用され、役に立つことを証明した。

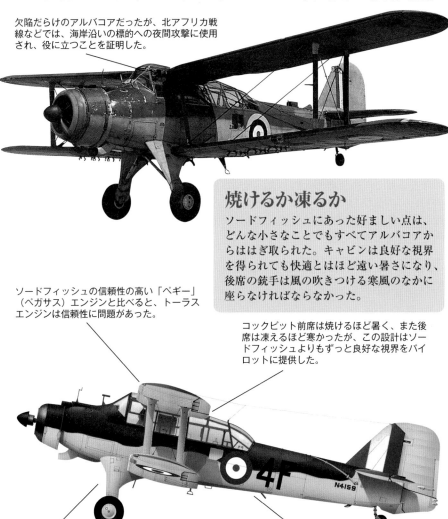

## 焼けるか凍るか

ソードフィッシュにあった好ましい点は、どんな小さなことでもすべてアルバコアからははぎ取られた。キャビンは良好な視界を得られても快適とはほど遠い暑さになり、後席の銃手は風の吹きつける寒風のなかに座らなければならなかった。

ソードフィッシュの信頼性の高い「ペギー」（ペガサス）エンジンと比べると、トーラスエンジンは信頼性に問題があった。

コックピット前席は焼けるほど暑く、また後席は凍えるほど寒かったが、この設計はソードフィッシュよりもずっと良好な視界をパイロットに提供した。

アルバコアは魚雷攻撃や爆撃、照明弾投下、ソードフィッシュ乗員の訓練に使われた。

ソードフィッシュよりなめらかな流線型をしていたのに、アルバコアの巡航速度と航続距離はソードフィッシュより低かった。だが、実用上昇限度はずっと高かった。

# フェアリー・バトル

## FAIREY BATTLE

　1932年から1933年にかけて設計されたバトルは、流線型の金属製の外皮を持つ単葉機だった。登場した1936年には最新鋭だったが、戦争が勃発したころになると、鈍重な運動性のために近代的な戦闘機の攻撃を回避できず、軽武装すぎるために大損害を与えることもできなくなっていた。

　1940年5月10日、バトルはオランダ、ベルギーに侵攻したドイツ軍への攻撃に組み入れられ、車両部隊や軍隊、橋梁などに対して低空爆撃を行った。その初日に、全機のバトルが撃ち落とされたり、損傷を受けてしまった。アルベール運河にかかる橋への攻撃では全機が失われ、ビクトリア十字勲章を2個（死後）与えられている。バトルで構成されたベルギーの小部隊は、同じ攻撃で全滅した。やがてバトルは標的曳航などの役割へと降格され、特に不格好な2コックピットの機は訓練に用いられた。

　バトルは、地上支援の効果的手段は軽爆撃機だと予測していた、戦前の誤った政策の産物だった。このあとの政策は、戦闘での経験、なかでも北アフリカでの経験から、戦術支援の第一手段として戦闘爆撃機を開発することに転換していった。

## あまりにも軽武装だったために、多くの損害を受けた。

イギリス空軍と友好国軍のために約2400機のバトルが製造された。きわめて短い戦歴のあと、南アフリカやカナダのように前線から離れた場所で利用された。

### データ

**乗員**：3名
**動力装置**：ロールスロイス・マーリンIV-12液冷ピストンエンジン、1030hp×1
**最高速度**：414km/h
**翼幅**：16.46m
**全長**：12.90m
**重量**：最大4895kg

# バトル「重すぎた軽爆撃機」

バトル・オブ・ブリテンでは、バトルはイギリス海峡に面したフランス沿岸の港に集結した敵のはしけに何度も夜間攻撃を敢行し、それなりに役割を果たした。

## ホーカー・ヘンリー

皮肉なことに、バトルよりも性能が高いと思われる航空機がすでに存在していた。それは標的曳航機のホーカー・ヘンリーで、もともとは高速軽爆撃機として設計されていた。

右側の翼に前方射撃用ブローニング7.7mm機銃が1挺搭載された。

バトルはスピットファイアMk Iと同じくマーリンエンジンだったが、全備状態時にはほぼ1.5倍もの重量になり、最高速度はスピットファイアより160km/hも鈍足となってしまった。

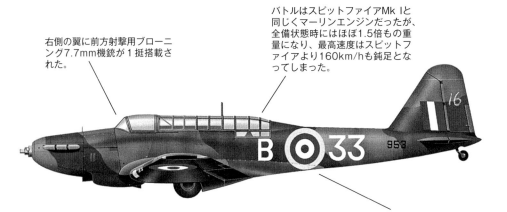

バトルはもともとパイロットと観測員の2人乗りとして設計されたが、後に後部銃手席も設けられ、第1次世界大戦で使われた時代物のビッカース7.7mm機銃が装備された。

# フェアリー・フルマー

## FAIREY FULMAR

　バトルの海軍版ともいえるフルマーは、ブラックバーンロックのような航空機の代替となる長距離艦上戦闘機を目的としていたが、おそらくは特に高度なものを目指していたわけではなかっただろう。フルマーは、バトルⅠ型よりもいくぶん強力なエンジンを持ち、あらゆる点でより小型だった。にもかかわらず自重は900kg以上重く、速度と高々度性能も劣っていた。こうなった理由の一部は戦前の海軍本部にある。パイロットが位置を見失わないように、全艦載機にナビゲーターを乗務させるべきだと主張していたからだ。フルマーは後方への防御武器がなかったため、乗員が最後に頼れるのはトムソン式小型機関銃や信号銃だけであり、追跡機を混乱させるにはやぶれかぶれでトイレットペーパーをプロペラ後流に投げ入れるしかなかった。フルマーはそれでも、地中海にいる船団の防御では護衛なしの爆撃機に対してかなりの活躍を見せた。しかしたいていの場合、枢軸国の優秀な爆撃機は遅い戦闘機からさっさと逃げ去ることができた。

　戦争開始から2年ものあいだ、英国海軍航空隊が不適切な装備のせいで深刻な被害を受けていたというのは、悲しいかな事実だ。ホーカー・ハリケーンやスーパーマリン・スピットファイアの海軍型製造で状況を変える努力がなされたが、最終解決策はアメリカ製装備の購入だった。フルマー数機は引退前に商船戦闘隊に配備され、ハリケーンと同様に大西洋において商船からカタパルトで射出され、船団護衛任務を実施した。

---

### データ

**乗員**：2名
**動力装置**：ロールスロイス・マーリンⅧ液冷ピストンエンジン、1080hp×1
**最高速度**：398km/h
**翼幅**：14.15m
**全長**：12.24m
**全高**：4.27m
**重量**：最大4853kg

---

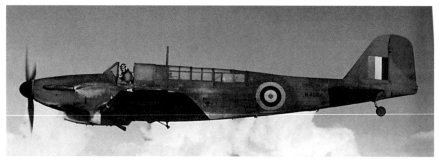

その場しのぎの解決策だったフルマーは、当時の陸上戦闘機には匹敵しなかったが、よりすぐれた航空機が使えるようになる1942年まで前線で頑張っていた。

# フルマー「イギリス海軍航空隊の鈍足機」

フルマーと交替した航空機にはアメリ
カのグラマン・ワイルドキャットがあ
り、この機はやがて英国海軍でマート
レットとして名を上げることになった。

## 護衛任務

フルマーは遅かったが安定性は良好で、枢軸国
の飛行機には簡単に逃げられてはいたが地中海
船団の護衛としては一応成功したといえよう。

基本的にフルマーは、初期のスピ
ットファイアと同じエンジンと武
器を装備していたが、はるかに重
く、また追加の乗員も乗せていた。

フルマーMkIIは約300hp以上
強力なマーリン30エンジン
を搭載していたが、MkIより
16km/hほど速くなっただけで
あった。

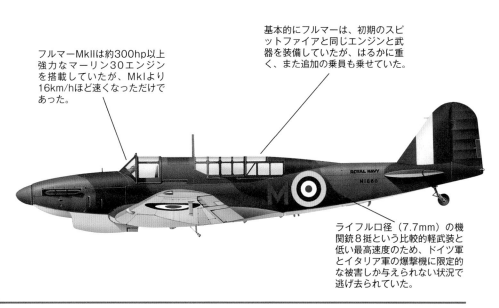

ライフル口径（7.7mm）の機
関銃8挺という比較的軽武装と
低い最高速度のため、ドイツ軍
とイタリア軍の爆撃機に限定的
な被害しか与えられない状況で
逃げ去られていた。

# ファルマン・ジャビル
## FARMAN JABIRU

　1920年代、ヨーロッパで航空路線を確立しようと奮闘しながら、成功作とはならなかった多くの旅客機のなかで、ファルマンのF.121ジャビル（コウノトリ）は、完璧に醜いという点で他より抜きん出た存在といえた。1923年のデビュー時に安全性の賞を受けたジャビルは、3年間就航することができなかった。その原因のほとんどは、第1次世界大戦の余剰品だった後部エンジン（プッシャー式）一対の冷却の問題だった。9名の乗客を運ぶために4基の中古エンジンを動かすのは非経済的だったため、この機の飛行歴は短かった。ファルマン社はジャビルF-3Xで与えた恐怖だけでは足りないとでもいうように、エンジンカバーなしのサルムソン・エンジン（300hp）3基を搭載し、そのうち1基を前部胴体上部に装備したF-4Xも作っている。冷却の問題を解消することはともかく、結果は同性能を得るために定員が2名減っただけだった。

　実際に製造されたジャビルF3-X 9機のうち、4機はデンマークの航空会社DDLがデンマークで就航させた。じゅうぶんに試験が行われており、信頼できる設計だったフォッカーF.VIIの購入を支持していたデンマークのマスコミは、この発注を激しく批判した。1927年4月に1機のジャビルが緊急着陸で最初に使用不能となったときには、マスコミの意見が正しかったように思われた。コックピットからの視界が悪かったため、ジャビルはパイロットからもひどく嫌われていた。

## ジャビルは完璧な醜さで際立っていた。

この航空機を利用した2社のうち、1社はファルマン社が経営していた航空会社だった。ジャビルは数年間パリとブリュッセル、アムステルダム間で就航した。

**データ**
乗員：1－2名、乗客9名
動力装置：イスパノスイザ8ACピストンエンジン、180hp×4
巡航速度：175km/h
翼幅：19.00m
全長：13.68m
全高：4.500m
重量：積載時3200kg

# ジャビル「役立たず」

デンマークの航空会社所有の航空機は、ほぼコペンハーゲンとハンブルグ間のルートで運行していた。残った3機は1929年に使用されなくなった。

## 眺めのいい部屋

ジャビルはデンマークの人々からはあまり好かれなかった。乗客はすべての窓から素晴らしい眺めを楽しむことができただろうが、パイロットはひどい視界にショックを受けていた。

根深い冷却の問題を解決するために、少なくとも3つの異なるラジエーター設定が試された。

パイロットは機体上部に位置するコックピットに座っていたため、地上を正確にタキシーすることが非常に難しかった。

乗客は中央に向けて配置された籐いすに座り、客室をぐるりと囲んでいる窓から素晴らしい眺めを楽しむことができた。

# リパブリックXF-12レインボー
## REPUBLIC XF-12 RAINBOW

Fという文字が「フォト」を表す1947年以前のシステムにおける記号名ではXF-12、のちにXR-12となったレインボーは、B-29のために日本での標的を偵察するための高速・高々度偵察機だった。もっと早い時期に計画が開始されていたら実現したかもしれないが、原子爆弾によって戦争が終結したときにも、まだ最初の機体が部分的にしか完成していなかった。それでもリパブリック社は、レインボーを彼らがRC-2と呼ぶ46席の定期航空機にしようという望みを持っていた。速度というセールスポイントに、客が割増料金を払うと考えたのだ。残念ながら戦後の好況はすぐには訪れず、航空会社はこの機ではなく速度は遅いがキャビンが広々としたDC-4やボーイング377を購入した。XR-12が空軍に納入されたのは1948年後半になり、2度目のテストで墜落してしまった。もう1機のレインボーは射撃演習場に送られた。

このころまで、アメリカ空軍はB-29の高々度写真偵察型を使用していた。性能はきわめて良く、やがて後継機となるRB-50に交替することになっていた。レインボーにとっての問題は、登場が遅れたせいでピストンエンジン軍用機が終わりに近づいていた時期に完成したことだ。1950年ごろにはすでに、アメリカ空軍の戦略偵察機のニーズはジェットエンジン4基を持つRB-45トーネードと、のちにはRB-47ストラトジェットが満たすようになっていた。

## XR-12は2度目のテストで墜落してしまった。

レインボーはすべての性能目標に到達していたが、偵察機としても定期旅客機としてもタイミングの悪さに苦しんだ。リパブリック社は、単座戦闘爆撃機の製造に戻っていった。

### データ
乗員：5-7名
動力装置：プラット＆ホイットニーR-4360ピストンエンジン、3000hp×4基
最高速度：729km/h
翼幅：39.35m
全長：30.11m
全高：不明
重量：最大51,411kg

# X-12レインボー「美しいが用なし」

レインボーは航空機史上最大の失敗の
ひとつではあったが、最も美しい航空
機のひとつだとはいえる。

## 遅すぎて効果なし

当時の航空機の多くと同様に、レインボーはタ
イミングの犠牲となった。戦争が終わったとき
には最初の1機すら完成しておらず、アメリカ
空軍はほかの事柄に注目するようになっていた。

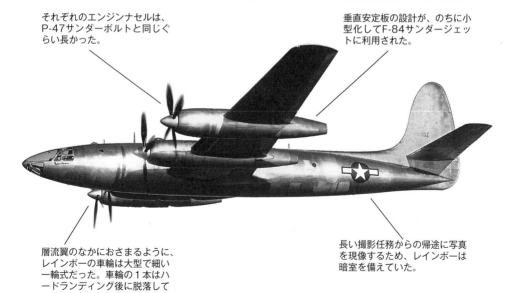

それぞれのエンジンナセルは、
P-47サンダーボルトと同じぐ
らい長かった。

垂直安定板の設計が、のちに小
型化してF-84サンダージェッ
トに利用された。

層流翼のなかにおさまるように、
レインボーの車輪は大型で細い
一輪式だった。車輪の1本はハ
ードランディング後に脱落して
しまったが、XF-12はわずか
な損傷を受けただけだった。

長い撮影任務からの帰途に写真
を現像するため、レインボーは
暗室を備えていた。

# ロイヤル・エアクラフト・ファクトリー

## ROYAL AIRCRAFT FACTORY B.E.2

安定性に重点を置いて設計されたB.E.2は、特にイギリス陸軍による西部戦線偵察に適していた。1915年なかばまでに前方射撃銃のついた機動的なフォッカー・アインデッカー（単葉）が登場しており、空中戦の様相が変化していた。偵察機と爆撃機が空中で射撃され、B.E.2は最悪の損害をこうむった。やがて、偵察機には多数の護衛機が必要となった。偵察機のB.E.2が戦闘機に捕捉された場合の防御といえば、観測員が発射するピストルかライフルがせいぜいだった。機体前方に観測員がいるために、効果的な機関銃配置が不可能だったのだ。

危険が増大する状況のなかでB.E.2をひきつづき配備（そして製造）したため、若者が殺されるために送り出されているという主張が国会でなされた。ほとんどのB.E.2は、1917年までには練習機というもっとふさわしい役目についた。

### データ

乗員：2名
動力装置：RAF 1A V-8 ピストンエンジン、90hp×1
最高速度：116km/h
翼幅：11.23m
全長：8.30m
全高：3.45m
重量：最大972kg

## 防御といえば、観測員による拳銃か小銃がせいぜいだった。

地味で安定性抜群、だが非常に低速のB.E.2は、制空権があれば素晴らしい写真偵察機だった。しかしドイツ軍が最初の偵察戦闘機を配備すると、イギリス陸軍航空隊の乗員たちは次々にたおれていった。

## B.E.2「第1次世界大戦の死の罠」

横方向制御は翼をそらせることで得られた。これは静かな旋回には向いているが、敵の戦闘機や対空砲火を回避するには不向きだった。

コックピットに盲目計器飛行装置がなかったため、雲に入ることはしばしば致命的となった。多くのB.E.2が、回復不能なほどのきりもみ状態に陥った。

### 初期段階の失敗作

第1次世界大戦は戦術兵器としての航空機の利点を前面に押し出したが、B.E.2のような初期の航空機は、勇敢な若いパイロットや乗員にとっては死の罠にすぎなかった。

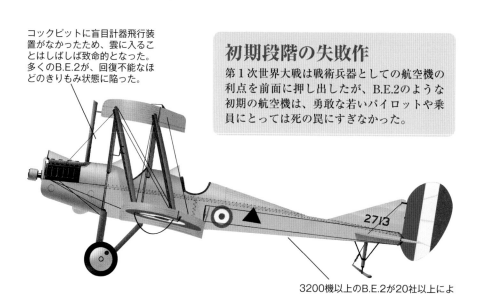

3200機以上のB.E.2が20社以上によって製造されたが、製造モデルの差はほとんどわからなかった。最後のモデルは最初のモデルに比べて時速5kmほど速かった。

# サーブ・スカンディア90A

## SAAB SCANDIA 90A

　前輪式脚配置とより強力なエンジンは別として、スウェーデンのスカンディアを表現するには1935年のDC-3の説明がそのままあてはまる。そのあいだの10年という年月に多くのことが起こっていることから、はじめから「しっぽが上がったダコタにすぎない」と思われても仕方がないだろう。

　プラット＆ホイットニーはスカンディアのために新しいエンジンR-2180を開発し、DC-3よりも速い速度と最大積載量という特性を与えたが、32の座席数と外寸は「ダック」（ダコタの愛称）によく似ていた。スカンジナビア航空（SAS）は国内と短距離ヨーロッパ線のために11機のスカンディアを購入し、アエロビアスブラジル（のちのVASP）はまず6機を、のちにはSASのすべての航空機を購入して1969年まで運行していた。1958年から1964年のあいだに5機が登録抹消され、今日唯一の生存機はブラジルの博物館にある。

　スカンディアの計画を終わらせた要因のひとつは、サーブがスウェーデン空軍から数多くの要求をしつこく寄せられていたことだった。空軍は、サーブがJ-29やA-32のようなジェット戦闘機に生産主眼を置くように望んでいた。簡単に言えば、サーブが民間と軍のニーズの両方にこたえることができなかったため、スカンディアが犠牲になったのだ。結局受注した17機の生産型のうち、フォッカー社が残っていた6機の製造を引き継ぎ、生産はオランダで行われた。

## サーブは生産に対応できず、スカンディアが犠牲になった。

アメリカとイギリスの航空機メーカーがスーパーチャージャーつきエンジン4発旅客機の生産へと移行しているときに、サーブはDC-3を改良しようとしていた。しかしこれはサーブだけではなかった。

### データ
乗員：4名、乗客32名
動力装置：プラット＆ホイットニーR-2180-E1空冷星型ピストンエンジン、1650hp×2
最高速度：450km/h
翼幅：28.00m
全長：21.30m
全高：7.20m
重量：離陸重量16,500kg

1946年スウェーデン

# スカンディア90A「しっぽが上がったダコタ」

スカンディアのプロトタイプはその後、ブラジルの実業家オラーボ・フォントウラの豪華なプライベート専用機に転換された。

パイロットはコックピットの透明部が不充分と考えていた。窓パネルのほとんどが小さすぎ、下枠も高すぎたのだ。特にパイロットにとってコックピットの反対側の視界が非常に限られていることが不満であった。

## サーブの犠牲

サーブがスカンディアを製造できなくなったのは、飛行機の欠点ではなく仕事が多すぎたからだ。戦闘機の大量取得を急いだスウェーデン空軍はサーブに強い圧力を加えており、社は需要にこたえることができなかったのである。

着陸したあと、乗客の乗り降りや荷物の積み下ろしのときに機がうしろへ傾くのを防ぐため、コックピットからの操作により尾部支柱を出すことができた。

14気筒のR-2180ラジアルエンジンが4枚羽根の可変ピッチプロペラを動かした。スカンディアはR-2180（ツインワスプE1としても知られている）エンジンの唯一の民間利用だったが、軍事用にもバイアセッキH-16ヘリコプターに使われただけであった。

ふたつのバージョンが提案され、ひとつはシートが2列と1列の24座席、もうひとつは2列×2の32座席だった。与圧キャビン式のサーブ90Bバージョンは製造されることはなかった。

# サンダースロウ・プリンセス
## SAUNDERS-ROE PRINCESS

プリンセスは、イギリスが先んじていた大型飛行艇の設計と革新的なタービンエンジン技術を組み合わせるように設計されたが、結局は巨大な無用の長物だった。1945年にはまだ民間航空機が利用できる長い滑走路は数少なく、プリンセスこそが大西洋横断と大英帝国の利益に対する答えだと思われた。英国海外航空（BOAC）という国有の航空会社が何を望んでいるかを、きちんと問うた人間は誰もいなかった。連結されたプロテウスエンジンの技術的問題が、遅れと費用超過を引き起こした。1949年に予定していた初飛行は1952年へとずれ込み、費用は4倍にふくらんだ。1953年になると、飛行艇をイギリス国外への運行に使っているのは、小さな会社1社だけになっていた。BOACもそのほかの航空会社も、ボーイングのストラトクルーザーのような新世代の陸上機へと移っていたのだ。顧客がいない3機のプロトタイプは保管されるだけになり、1967年に解体された。

現実的に見ると、プリンセスは第2次世界大戦前、世界が感心したイギリスのショート・エンパイア飛行艇が、イギリスから極東やオーストラリアへの航路で親しまれていた時代の遺物だった。イギリスとアメリカ、ソ連が戦後も飛行艇の設計に取り組んだが、その概念を成功裡に発展させたソ連だけが製造に成功し、のちに軍用と調査目的で利用された。

## 技術的な問題が遅れと費用超過を引き起こした。

スプルース・グースに次いで2番目に大型の飛行艇であるプリンセスは、大きな地上機が真価を認められはじめた時期に登場した。プリンセスのプロトタイプのうち、完成して飛行できたのは1機だけだった。

### データ
乗員：6名、乗客105名
動力装置：ブリストル・プロテウス2ターボプロップ、3780shp×10（2基カップル×4、シングル×2）
最高速度：612km/h
翼幅：66.90m
全長：45.11m
全高：17.37m
重量：最大156,457kg

# プリンセス「王室の飛行艇」

プリンセスは1952年にファーンバラの航空ショーで披露されて一大センセーションを巻き起こした。しかし観客は、イギリスの航空産業の誇りはすでに時代遅れだと気づいていなかった。

## 飛ぶことを学ぶ

プリンセスの技術的問題がすべて解決されたころには、飛行艇という考え自体が時代遅れのものとなり、救いようのない王室のアヒルは飛ぶことを学ぶ前に廃機になってしまった。

操縦室の乗員は、パイロット2名と航空機関士2名、通信士、航空士だった。ファーストとツーリストクラスの2つの客室に搭乗するのは合計で105名の乗客だった。

4つの内側エンジンユニットは、2基カップルされたエンジンで二重反転プロペラを駆動した。外翼のエンジン2基はそれぞれ単発で通常のプロペラを駆動していた。

飛行艇の衰退がはっきりしていたのに、サンダースロウは最大1000席になるさらに大型のジェット版飛行艇を作りたいと考えていた。

# シェンヤン (瀋陽) J-8
## SHENYANG J-8 'FINBACK'

1967年に研究がはじまった中国初の国産戦闘機、J-8（Jianが戦闘機を意味する）は、MiG-21の技術と空力デザインをもとにしており、1969年までにプロトタイプが飛行している。残念なことにその後は文化大革命に邪魔され、開発は8年のあいだ中断されてしまった。改良されたJ-8-Iは1980年には飛行する準備が整っていたが、なぜか飛行試験がはじまる前に姿を消した。

J-8-Iのプロトタイプがようやく飛んだのは1981年になってからで、限定生産が許可されたのは1985年だった。1988年までにわずか75機から80機が完成しただけだが、中国が手にしたのは1950年代の最高技術を体現した戦闘機だった。

全般的に見るとシェンヤンJ-8は、1960年のソ連とのイデオロギー対立で生じたギャップを埋めようとした、気の毒な試みだといえる。ソ連との対立までは、中国人民解放軍空軍戦闘機の大部分はMiG-17とMiG-19で占められており、MiG-21も数機納入されていた。しかし供給が急に止まったため、中国航空機産業は自前の技術に頼らざるをえなくなったのだ。

### データ
乗員：1名
動力装置：ウォーペン13-A-II、アフターバーナー付きターボジェット、推力6720kg×2
最高速度：2230km/h
翼幅：9.34m
全長：20.50m
全高：5.06m
重量：積載時約12,700kg

## 1988年に中国が手に入れたのは
## 1950年代の最高技術を体現した戦闘機だった。

20年かかった開発で得たものは、1955年の初飛行では最新鋭だったMiG-21を大きくし双発化した戦闘機にすぎなかった。

# フィンバック

## J-8フィンバック「1980年代の1950年代的技術」

バキスタンなどに販売されたソ連設計MiG-19の中国製コピーとは違って、J-8には輸出の可能性はなかった。

### 遅々としたはじまり

現代でも、中国の戦闘機開発は長期間かけて少しばかりのことを達成するのだが、その遅々としたペースをよく表しているJ-8は、製造に入るまでにほぼ20年という年月を要した。

もともとのJ-8にはレーダーがなく、非常に単純な電子装備しか搭載されていなかったため、用途は昼間迎撃に限定された。その能力は20年前のF-4ファントムをはるかに下回っていた。

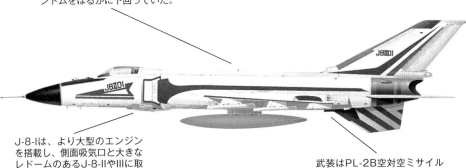

J-8-Iは、より大型のエンジンを搭載し、側面吸気口と大きなレドームのあるJ-8-IIやIIIに取って代わられた。この航空機について西側で最もよく知られているのは、EP-3オライオンと空中衝突したことだ。

武装はPL-2B空対空ミサイル2基と23mm砲だった。PL-2ミサイルはアメリカのAIM-9Bをコピーしたソ連製アトールの、そのまたコピーだった。

# ショートSB.6シーミュー

## SHORT SB.6 SEAMEW

　不格好なシーミューが目的としていたのは、イギリスとその同盟国が使っている小型航空母艦から行動できる、安価で頑丈な対潜機だった。この目的のために、この航空機には固定式降着装置が装備され、強固な構造で作られていた。にもかかわらず、プロトタイプは最初の着陸で大きく損傷してしまい、ファーンバラの航空ショーに間に合うように大急ぎで修理された。

　操縦については、いくらか「扱いにくい性質」があると評されていた。曲芸飛行をする能力はあったが、それができるのは主任テストパイロットだけで、彼のみが機動性を最大限まで引き出すことができた。だがそれも、プロトタイプMk2の展示飛行で、機を失速させて死んでしまうまでだった。イギリス空軍沿岸軍団とイギリス海軍のために製造がはじまったが、空軍の注文が1956年に取り消され、海軍の注文は翌年の防衛費削減の犠牲となってしまった。

　ヨーロッパへの輸出の努力が行われたが、本機にはどの国も興味を示さず、おまけにショート社も操縦しにくい性質を排除することに失敗した。全体として見ると、シーミューは経済性を追求しすぎると運用性が必然的に犠牲になるという格好の例だ。同じ道をたどったイギリスの軍用機はこの機がはじめてではなく、また最後でもなかった。

## シーミューは「扱いにくい性質」があると評されていた。

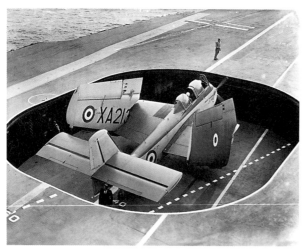

可能な限り単純で頑丈な機体にするために空力デザインが犠牲となったため、シーミューにはかんばしくない特性が備わってしまった。

### データ

乗員：2名
動力装置：アームストロング・シドレーマンバターボプロップ、1780shp×1
最高速度：378km/h
翼幅：16.75m
全長：12.50m
全高：不明
重量：最大6804kg

# シーミュー「不適格な対潜機」

シーミューの２番目のプロトタイプは、英国空母ブルワーク艦上で行われた1955年の７月と12月の試験に成功し、これを見たイギリス海軍が発注した。

## 扱いにくい

「競走馬に混じったラクダ」と表現されるシーミューは、重くて高速化される傾向のあった当時の対潜機とは違っていた。しかもほかの機とは対照的に、運動性が最悪であった。

より大型の車輪と手動折り畳み翼を持つMk2は、沿岸軍団のためのものだった。発注は２機が完成したあとで取り消された。

下部に大型捜索レーダーを収納する必要があるため、尾輪式降着装置レイアウトが採用されたが、これは1950年代なかばには艦載機にはいくぶん時代遅れだと考えられていた。

固定式降着装置は、不時着水する場合には投棄することができた。

# ショート・スターリング
## SHORT STIRLING

イギリス空軍の4発エンジン「重量級」爆撃機トリオの、最初の機体がスターリングだった。この機はずっと、1936年の空軍仕様に悩まされた。仕様では、当時の標準的な格納庫に入るように翼幅を30m以下に制限されていたのだ。このため、スターリングは6100mという最適な飛行高度に達することができず、ハリファックスやランカスターと比べると、ずっと簡単に対空砲火や戦闘機の標的になってしまった。プロトタイプは、初飛行のあとで着陸装置が破損したために解体された。つぎつぎに見つかった不具合と事故のせいで飛行隊の編成が遅れたが、それらの飛行隊は後に大きな損害を招くことになった。1943年初期に導入された新しいスターリングⅢでは欠陥のいくつかは解消されていたが、5カ月で80%の機が失われたため、その年のうちに前線の飛行隊から引き上げられてしまった。

スターリングは戦争末期の数カ月に輸送のために使われており、1944年9月のアルンヘムでの空挺降下作戦でさらに深刻な損失を記録した。しかしこの機には22名の空挺隊員と12個の補給品コンテナを搭載できたため、空軍特殊部隊や特殊作戦実行部隊が行う秘密作戦用の特殊任務機としては高い利用価値を持っていた。スターリングはこの任務用として1944年いっぱい使用されていた。

## つぎつぎに発生したトラブルと事故が部隊編成を遅らせた。

ランカスターやハリファックスと比べると高々度でのスターリングの性能は貧弱で、RAF重爆トリオのなかで最悪の損失率を記録した。

| データ |
| --- |
| 乗員：7名 |
| 動力装置：ブリストル・ハーキュリーズXVI空冷星型エンジン、1650hp×4 |
| 最高速度：435km/h |
| 翼幅：30.20m |
| 全長：26.59m |
| 全高：6.93m |
| 重量：最大31,751kg |

# スターリング「イギリス空軍の事故がちの重爆機」

輸送とグライダー曳航の任務でスターリングはさらなる損失機を出した。なかでも1944年9月のアルンヘムでの空挺降下作戦では最悪の損害をこうむることになった。

## 特殊任務

さまざまな欠点のあったスターリングだが、兵員と貨物の積載能力が高かったために、戦争末期に特殊任務機として最後の活路を見いだすことになった。

スターリングの主翼は、傑作飛行艇サンダーランドの翼幅を4m以上も短くしたものだった。

主翼の迎え角を大きくして離陸滑走距離を減らすために、主脚は非常に長くなり、複雑な引き込み機構を持っていた。この降着装置の長さと設計が多くの事故の原因となった。

爆弾倉の大きさに制限があるため、運べる武器は907kg以下の爆弾だけだった。

# ショート・スタージョン/SB.3
## SHORT STURGEON AND SB.3

　高性能雷撃機を目的として開発されていたスタージョンの魚雷投下能力が省略され、やがて攻撃能力もすべてはぶかれたのは、就役前に第2次世界大戦が終結したことと、役割が何度も変更された結果であった。写真偵察の役割が考えられたときもあったが、最終的にスタージョンは海軍の砲撃訓練のための標的曳航という限られた目的に落ち着いた。この目的のために、この機には長い機首とウインチシステムが装備された。

　製造された25機の飛行歴は短かった。最後のスタージョンはSB.3対潜機に変更された。当初から変化していなかった姿の美しさも、レーダーとその操作員2名を乗せたために縦に延びた機首によってそこなわれてしまった。出力設定条件によってはマンバターボプロップからの後流が機を非常に不安定にしてしまい、操縦性の良さという特性を台なしにした。対潜哨戒には片発停止による長時間飛行が必要だったが、1基のエンジンだけでトリムを取って安定的に飛行することは不可能だと判明した。

　経済的理由で決定されたスタージョンのSB.3への転換は、ひどい失敗だった。SB.3はさまざまな組み合わせの爆雷や爆弾、ソノブイなどの最大1186kgの武器を搭載できるよう設計され、1950年8月12日に初飛行を行った。だが単軸型のマンバターボプロップからの下方への後流によって引き起こされる安定性の問題が、すぐに明らかになったのである。

## 外観の美しさは縦に延びた機首によってそこなわれた。

もともとのスタージョンの図。奇妙な外観だが、1機だけ製造されたSB.3（右ページ）のグロテスクさには負けている。SB.3には名前はつかなかったが、海底にいる魚に実に似ていた。

### データ
**乗員**：3名
**動力装置**：アームストロング・シドレー・マンバ AS MA3ターボプロップ、1475shp×2
**最高速度**：515km/h
**翼幅**：18.23m
**全長**：13.70m
**全高**：不明
**重量**：積載時10,700kg

# スタージョン／SB.3「空飛ぶ魚」

もともとのスタージョンは、イギリス海軍の航空母艦での運用のために特別に設計された、最初の高速双発攻撃機だった。

## 標的から曳航へ

もともとは目標を狙う爆撃機として考えられたスタージョンは、やがてすべての攻撃能力を取り除かれ、海軍の砲撃訓練用標的曳航の役割が与えられるまでは運用されることはなかった。

航法士と通信士、標的操作員、カメラ操作員を兼ねていたスタージョンTT.2の第二乗員は忙しく、機首と後部胴体を行き来していた。

エンジン始動器カートリッジのコックピットスイッチは、消火器スイッチの横だった。このふたつのスイッチは混同しがちで、離陸が遅れることもあった。

搭載した二重反転プロペラのおかげで、短いプロペラの利用と中心線近くのエンジン配置が可能になった。

# ソッピースLRTTR

## SOPWITH LRTTR

　ソッピースLRTTR（Long Range Tractor Triplane）は、英国航空隊（RFC）の対飛行船戦闘機の要求にこたえた設計のひとつだった。三葉型式を採用する通常の理由は、翼面積を広くし、運動性を良くするために翼幅を短くできるからだ。だがどういうわけかLRTTRは、きわめて長くて細い主翼を持っていた。このせいで旋回半径が非常に大きくなり、性能のかなりの部分が犠牲になった。この不格好な機がツェッペリン飛行船を射程内に捕捉するのはかなり難しかっただろう。象の背中につけられた「象駕籠」にいるような上部砲手は素晴らしい全方向視界を得られただろうが、前方左右90度しか射撃できなかった。いずれにせよ、すぐに新しいプロペラ同調発射銃を搭載した小型戦闘機が登場したため、製造されることも軍務につくこともなかった。実際のところ、LRTTRはツェッペリンに対してほとんど効果がなかっただろうし、たとえ射程内に接近することができても、ドイツの飛行船を撃ち落とすために必要な焼夷弾はまだ入手できない状況だったのだ。

> **データ**
> 乗員：3名
> 動力装置：ロールスロイス・イーグル液冷Iピストンエンジン、250hp×1
> 最高速度：不明
> 翼幅：16.08m
> 全長：10.74m
> 全高：不明
> 重量：不明

## この不格好な機が、ツェッペリン飛行船を射程内に捉えるのはかなり難しかっただろう。

流線型の砲手室と不格好な機体のLRTTRは、「卵パック」というひどいあだ名で知られている。ありがたいことに、ソッピース社が次に設計したのは不朽の名機「キャメル」だった。

# LRTTR「空飛ぶ卵パック」

キャメルもまたのちに、ドイツ軍夜間
爆撃機への攻撃任務でイギリス本土の
防空に重要な役割を果たすことになる。

## ツェッペリンの終焉

やがて、飛行船の水素ガスに点火できる弾薬
があれば、BE.2のような航空機でもツェッ
ペリンを撃ち落とすことができると理解され
るようになった。

LRTTRを動かしていたのは、ブ
リストル・ファイター戦闘機に
使われているファルコンと同系
の素晴らしいロールスロイス・
イーグルエンジンだった。しか
しブリストルの場合は、よりな
めらかな流線型の小型機で、乗
員は2名のみだった。

まるで間に合わせのような4輪
の降着装置は、機首と尾部が地
面に触れないように上にあげた
状態に保っていた。離陸時に
「象駕籠」に乗っているのは、
さぞ興味深い体験だったことだ
ろう。

砲手は2名ともルイス式軽機関
銃1挺を持っていた。機体後部
は、パイロットの背後の従来通
りのコックピットに乗った後方
銃手が守っていた。

いままでに空を飛んだ最も異様な外観をした航空機のひと
つ、スネクマ・コレオプターの離陸準備風景。

# アイディア
# だけがたより
## BOGUS CONCEPTS

　ここにある航空機は、失敗の理由をひっくるめるのがむずかしいほどバラエティに富んでいる。それでも当時は、どれも良いアイディアに思えたのだろう。過激な「解決策」も多く見られる。ドイツと日本の有人飛行爆弾や、給油地に到達するまでに燃料をほとんど使ってしまう日本の燃料輸送機など、苦し紛れで生まれた航空機だ。そのほかには、アブロカーやXP-79のように問題解決を目指していた航空機もある。

　冷戦初期の軍事立案者たちを虜にしたのは、核武装した爆撃機の攻撃から目標地点を防衛できる垂直離陸（VTO）迎撃機というアイディアだった。そして後になると、脆弱な固定基地から航空機を分散させることに重点が移っていった。VTO航空機を追求する過程でポゴやバーティジェット、コレオプターなどの多くの「テイルシッター」航空機が生まれた。このような航空機はすべて、垂直飛行から水平飛行へと移行してしまうと、戦闘機としては従来型の機体よりかなり劣っていた。さらに、後向きに下降しながら着陸しなければならないことが、この種の航空機の大きな弱点だということがすぐに判明した。これらの航空機のほかにも、実現しなかったものとして、対ツェッペリン三葉機やジェット水上戦闘機、鳥を模倣した（少なくともそう試みた）飛行機、文字通りの空飛ぶ戦車などがある。

# エアロカー

## AEROCAR

アメリカの発明家モールトン・テイラーは、「路面走行可能な飛行機」を作る夢をいだいていた。その夢からは20年以上にわたって目新しいが実用的とはとても言えない車両が数多く生み出されたが、どれも量産の段階にはいたらなかった。このエアロカーも数多くの失敗のひとつで、自動車と航空機を組み合わせようとしたものだ。

テイラーのエアロカーIは1949年に飛んだが、1956年まで耐空証明が交付されなかった。6機が製造され、その後エアロプレーンと呼ばれる路面走行ができないバージョンが作られ、1968年には最終版のエアロカーIIIが生まれた。基本的に、エアロカーは小型で軽量の車両に、取り外し可能な従来型軽飛行機の主翼と独特なY字形の尾翼、推進プロペラがついたものだった。

1970年代の新しい自動車安全性の法律で、エアロカーにはバンパーなどの追加部品をつけなければならなくなった。追加のせいで重量と費用が増加し、性能が低下した。しゃれたスポーツカータイプを作る計画もあったが実現することなく終わった。

## 目新しいが実用的とはとても言えない車両だった。

魚でも鳥でもないエアロカーは、実用車やツーリング飛行機よりも目新しく、従来の軽量飛行機と中型自動車を合わせたよりも高価だった。

| データ |
| --- |
| 乗員：1名、乗客1名 |
| 動力装置：アブコライカ ミング0-320ピストンエ ンジン、143hp×1 |
| 最高速度：201km/h |
| 翼幅：10.36m |
| 全長：7.01m |
| 全高：2.13m |
| 重量：953kg |

## エアロカー「魚でもなければ鳥でもない」

エアロカーIの機体は、アルミニウムとスチールの上にガラス繊維の外皮をかぶせてあった。

### アイデンティティ・クライシス

さてこれは車か、それとも飛行機なのか？　実際には、そのどちらでもなかった。少なくとも良い意味では。地上では最悪、空中ではさらにひどかった。独創的かもしれないが、役には立たなかった。

エアロカーは、ひとりだけで5分以内に飛行機から車に変えることができた。飛行機にする場合は、最初に後部のライセンスプレートを跳ね上げ、それからプロペラシャフトを連結した。

車のハンドルがそのまま飛行にも使われた。エンジンは路面走行では40hpの出力しかなく、路面での最高速度は約113km/hだった。

翼はトレーラーのようにうしろに牽引したり、飛ぶまで飛行場に置いておくことができた。

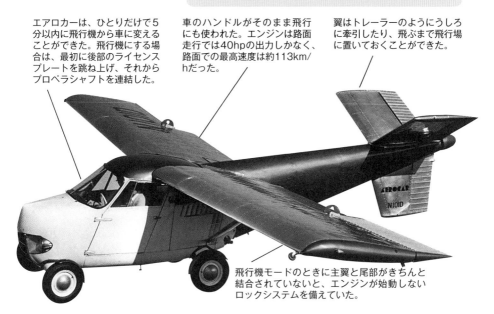

飛行機モードのときに主翼と尾部がきちんと結合されていないと、エンジンが始動しないロックシステムを備えていた。

# アーレンスAR-404

## AHRENS AR-404

AR-404多用機を発案したのは、プエルトリコ西部に製造工場を建てたアメリカ企業だった。この会社はいろいろなことを主張しており、AR-404は大型ジェット旅客機と同じ基準で、4年もかからずに1年で型式証明が取れるだろうと語っていた。提案された利用法には、魚群探査や対潜機、ガンシップ、パラシュート部隊降下、訓練などがあった。

プエルトリコ政府から資金を得るときには、それまで航空機製造経験のない地元民1000人を雇用し、やがて1カ月に4機製造できるようになると説明されていた。しかし、この会社へのアメリカ政府による不思議な調査が延々とつづき、開発資金と借り入れ金が手に入らなくなった。計画は放棄され、主要人物たちはどこかへ逃げ去ってしまった。製造されたAR-404は2機だけだったが、最初のプロトタイプは軽食堂として使われていたことが判明している。AR-404を製造しようとした会社は、徹底的な市場調査をしていなかった。調査していれば、本機が目指していたマーケットはショート社の330シリーズや、ブリテン-ノーマン社の素晴らしいアイランダーがとうに占めていたこと、そのなかのアイランダーにはAR-404が提案した以上の利用法があったことがわかっただろう。もっと言えば、これらの飛行機の信頼性の高さが証明されていることも。

## 最初のプロトタイプは軽食堂として使われていたことがわかっている。

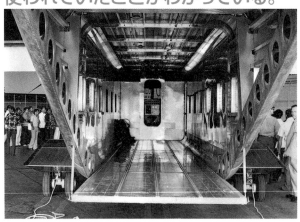

AR-404のコンセプトは、開発途上国のために安価で経済的な多用機を作るという称賛すべきものだったが、自動車のデローリアンの失敗と同様に、不安定な財政基盤のもとで製造された。

### データ

乗員：2名、乗客30名
動力装置：アリソン250-B17Bターボプロップ、420shp×4
最高速度：315km/h
翼幅：21.12m
全長：16.08m
全高：5.79m
重量：積載時約7710kg

# アーレンスAR-404「プエルトリコの災難」

財政的側面はともかく、もっと専門的立場で行われていたら、計画は順調に進んだかもしれない。

## アイディアは良くても、経営がひどい

多用機を素早く製造するというAR-404のコンセプトは、たぶん良かったのだ。しかし政府の調査のために資金調達と業務が妨害されてしまい、アイディアが実現することはなかった。

AR-404はやや小型のエンジンを4基搭載していた。1000hpのギャレット・エアリサーチ製ターボプロップエンジン搭載の双発版も計画されたが、製造されることはなかった。

AR-404は、ディーゼル燃料で10倍も高いジェット燃料と同じように飛ぶことができるといわれていた。

AR-404の競争相手は、ショート330やGAFノーマッド、さらにはC-130などだった。座席マイルあたりのコストは、直接の競争相手であるどの飛行機よりも低いと説明されていた。

提案されたひとつのバージョンは、空母輸送（COD）の役割を果たしているC-2Aグレイハウンドに取って代わる、空母運用が可能な輸送機だった。

# アライドアビエーション
## ALLIED AVIATION XLRA-1 AND -2

1941年4月、マーク・ミッチャー海軍大佐（のちに大将）からの強い要請により、海軍は海岸侵攻作戦のため海兵隊1個分隊を乗せるグライダーの研究を開始した。基本設計は海軍航空局が行い、その後実機製造のため航空機製造会社へと渡された。最初の機はブリストル航空機が製造したXLRQ-1で、次のXLRA-1と2はアライドアビエーションが製造した。グライダーは水上で安定良く浮くため低翼型式が採用され、テストで使われた曳航機はJ2F-5ダックやPBY-5Aカタリナのような水陸両用機だった。

XLRA-1と2は、理論的には太平洋戦争初期に日本軍が占領した島々を奪還するための理想的手段だったが、実戦を経験してみると、日本の海岸防備が強固なため、装甲された上陸用舟艇や水陸両用車両であっても上陸侵攻時には攻撃に対して脆弱であることがはっきりとした。1942年にはXLRA-2の100機の注文が取り消され、また22席の双胴輸送グライダーも同様に取り消された。おそらくこれらのグライダーは実現しないほうが良かっただろう。太平洋上の、ジャングルに覆われ防御された小さな島々に、多数のグライダーを着陸させるのは現実的には不可能で、ほとんどの場合浜辺に無理やり着陸するしかなかっただろう。

## むしろ、このグライダーは実現しなくてよかったのだ。

### データ
乗員：パイロット2名、海兵隊員10名
動力装置：なし（牽引される）
最高速度：210km/h
翼幅：21.95m
全長：12.19m
全高：3.73m
重量：不明

海軍の侵攻グライダーはきわめて愚かな考えだったが、幸いなことに多くの時間と資源を費やす前に棚上げになった。

# XLRA-1/-2

## XLRA-1/-2「実戦に投入されなかった侵攻グライダー」

空中からの強襲揚陸作戦が実行可能になったのは、兵員を乗せられるヘリコプターが登場してからのことだ。しかし可能になったといっても、大きな危険がともなっていることに変わりはない。

アメリカ海軍の命名システムでは、XLRAのXは実験機、Lはグライダー、Rは輸送をそれぞれ意味していた。またQはブリストル航空機会社に割り当てられたファクトリーコードで、Aはアライドアビエーションに割り当てられていた。

### やめるが勝ち

XLRAが製造段階に達しなかったのは運が良かったと言えるだろう。その後のヨーロッパにおける空挺作戦では、連合軍の侵攻グライダーがシチリアやノルマンディーで大きな損失をこうむっているのだ。

グライダーにはふたつのバージョンがあった。XLRA-1は、XLRQ-1と同仕様で、陸上から運用するため2組のセンターホイールと翼端に着陸用そりを持っていた。XLRA-2は投棄可能な2輪の降着装置が装備されており、陸上から牽引されて離陸し、水上に着水できた。

構造は主に木材で、胴体と翼の外皮は樹脂含浸合板製だった。海軍は、軽飛行機メーカーから図書館の書棚のメーカーまでと幅広く生産にあたらせる計画であった。

この翼は「フロート翼」と呼ばれ、翼端の補助フロートなしでフロートと翼の機能の両方を果たすように組み合わせたものだった。艇体の設計は2段ステップを持つ平底タイプであった。

# アントノフKTフライングタンク

## ANTONOV KT FLYING TANK

思わず目を瞠ってしまうKT「クリヤタンカ」（戦車の翼）は第2次世界大戦時のソ連の設計で、その目的はドイツ軍戦線の向こうにいるパルチザンに軽装甲車を提供することだった。アントノフ設計局が急いで開発したのが、複葉の翼とT-60戦車をグライダーに変えるための双胴の尾部という組み合わせだった。

実際に転換されたのは1機だけだった。一度限りとなったテスト飛行では、KTの重量と抗力が曳航するTB-3爆撃機のエンジンをオーバーヒートさせてしまい、グライダーを切り離すしかなかった。落とされたグライダーは、そのあとででこぼこの地面になめらかに着陸した。飛行用の外側が取り外されてから戦車が基地に戻ってきたとき、勇敢なパイロット兼運転手のセルゲイ・アノーキンは興奮した様子で状況

を報告した。このアイディアが制式支援を得られずに却下された理由のひとつとして、じゅうぶんな力のある曳航機が存在しなかったことがあげられよう。

このKTを「飛ばした」アノーキンというテストパイロットは、落下していく戦車を素早く操っている。慎重にタイミングを見極めることが必要だった。着陸前に戦車のエンジンをかけ、それから回転するキャタピラを接地させなければならなかった。こうしておくと、翼のある戦車をよりなめらかに着地させることができた。この計画はすぐに放棄されなかったが、それはコンセプト自体には将来性があると考えていた高官がいたためだ。しかし最終的には、数少ない重量級の曳航機は、前線で従来通りの任務で利用するほうが有益だという考え方が受け入れられた。

## アノーキンというテストパイロットが、落下していく戦車を素早く操った。

KTはT-60軽戦車にぺらぺらの木材と繊維の外皮をかぶせたものだった。重爆撃機が曳航して、敵の戦線の背後に落とすことを目的としていた。

### データ
乗員：2名
動力装置：グライダー——なし、戦車——GAZ202 6気筒ガソリン機関、85hp×1
牽引速度：160km/h
翼幅：15.00m
全長：11.50m
全高：不明
重量：8200kg

# KTフライングタンク「航空力学のレッスン」

ソ連の設計者は、軽戦車を運ぶ能力の
ある大型輸送グライダーを戦線に投入
するほうがずっと実行可能だというこ
とを悟った。

## KTの操縦

KTは上昇制御を砲を上げて行い、回転制御
は砲塔を回して行うことになっていたが、テ
スト飛行のために砲塔が取り外されていたと
いう説もある。

KTはライト兄弟やそのほかの
パイオニアの時代がすぎたあと
で、珍しく作られた複葉機グラ
イダーだった。

武装は12.7mmの機関銃1挺の
みで、小さな機体に運転手兼パ
イロットと一緒に乗り組んでい
る戦車の指揮官が操った。

戦車の運転機構は離陸時にロッ
クされず、着地のショックを緩
和するためエンジンを着陸前に
始動し、キャタピラーの回転を
上げる方式となっていたため、
KTはすぐに行動に移れるよう
になっていた。

基本的なT-60は、ドイツ軍戦車や砲に対し
てあまりにも軽装甲で軽武装だった。飛行
テストを行うには軽くする必要があり、武
装や弾薬、ヘッドライト、さらにほとんど
の燃料をあきらめなければならなかった。

# アームストロング・ウィットワース

## ARMSTRONG WHITWORTH APE

　ロイヤル・エアクラフト・エスタブリッシュメント（王立航空研究所）は航空力学を発展させるため、アームストロング・ウィットワースに「無限に調整できる」飛行機の製作を依頼した。つまり、さまざまな部品の追加と調整を行うことで、航空機設計の問題に対する「すべての答えを提供する」飛行機だった。できあがったエイプという複葉機は、いろいろな支柱の長さと傾斜を変化させることで、翼の位置や複葉の食い違い配置、翼の上下間隔、さらに上半角を変えることができた。また胴体の長さは、追加のベイを挿入することにより延長できた。

　すべての構造が創意工夫に富んで

いたにもかかわらず、最初のエイプには215hpのエンジン1基しか搭載されていなかった。そのために当然ながら性能は低く、さまざまな形状の効果を調査するとしても限られた状況でしか利用できなかった。この機は1928年に離陸事故を起こし、エンジンをより強力なジャガーⅢ（350hp）に換装して再生されたが、追加装備による重量増加が強力なエンジンの効果を打ち消してしまった。そして「いくぶん長引いた」9カ月の試験のあと、1929年5月にファーンバラ近くに不時着した。2、3機目は完成したものの、イギリス空軍はこの機の構想自体に幻滅してしまっていた。

## エイプは「すべての答えを提供する」ことを目的としていた。

動力不足だったエイプは、可能な全配置を完全に試験することはできなかった。

### データ

乗員：2名
動力装置：アームストロング・シドレー　リンクスⅢ空冷星型ピストンエンジン、215hp×1
翼幅：12.19m
全長：8.61—11.66m
全高：3.96—4.57m
重量：1225—1474kg

# エイプ

## エイプ「空の猿」

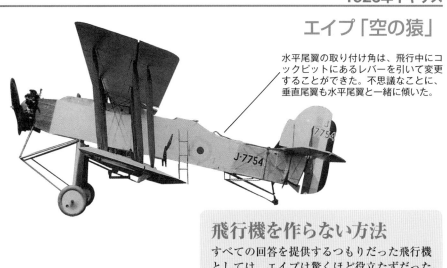

水平尾翼の取り付け角は、飛行中にコックピットにあるレバーを引いて変更することができた。不思議なことに、垂直尾翼も水平尾翼と一緒に傾いた。

## 飛行機を作らない方法

すべての回答を提供するつもりだった飛行機としては、エイプは驚くほど役立たずだった。もともとのエンジンは低出力で、のちの追加装置は単に重量を増して低性能に拍車をかけただけだった。

大きさと形が異なる4つの方向舵と水平尾翼の取り付けが可能で、胴体の長さも変えられた。できなかったのは、複葉機から単葉機に変えることだけだった。

前方に傾いた場合にプロペラが地面にぶつかるのを防ぐため、2機目には着陸装置にかなり奇妙な支柱が取り付けられていた。

# アームストロング・ウィットワース

## ARMSTRONG WHITWORTH F.K.6

オランダ人のフレデリック・コールホーフェンが設計したアームストロング・ウィットワース社の飛行機の記号名のいくつかは、どう控え目に言ってもわかりにくい。1916年の三座三葉機の2機は、どちらもF.K.6として知られているようだ。最初の機の（ある資料によるとF.K.5）細い胴体は下側の翼の上の空間に取り付けられており、3組の車輪があった。F.K.6のオリジナル・デザインは、会社の管理職が飛行を許さなかったほどひどいものだった。

2機目のF.K.6の胴体はより大きくなり、今度は翼の上に据え付けられた。銃座のナセルはより小型になり、以前より多くの支柱と2組の車輪がついていた。この機もやはり能力が低かった

が、少なくとも限定的な飛行テストはできた。F.K.6の尾部設計などのいくつかの点は、やはりコールホーフェンが設計して成功を収めたアームストロング・ウィットワースF.K.8にも取り入れられている。この機は、1917年から1918年に陸軍との共同作戦で素晴らしい働きをした。乗員に「ビッグアック」と呼ばれていたF.K.8は、激しい攻撃に耐える能力があり、また攻撃に回っても素晴らしい働きをした。

コールホーフェンはオランダで自分の会社を作るために退職し、その会社は1940年にドイツ空軍が介入してくるまで奇妙な設計の飛行機を生産しつづけていた。

## 会社の管理職はF.K.6の飛行を許可しなかった。

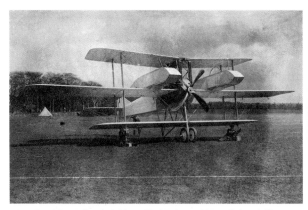

1916年の軍の要求にしたがって設計され、不首尾に終わった対ツェッペリン戦闘機のひとつであり、その最初の機となったF.K.6（もしくはF.K.5）は、特に珍妙な飛行機だった。

### データ
**乗員**：3名
**動力装置**：ロールスロイス・ピストンエンジン 250hp×1
**最高速度**：160km/h
**翼幅**：19.14m
**全長**：11.29m
**全高**：5.18m
**重量**：不明

## F.K.6「〝ビッグアック〟の先駆者」

銃手が座っていたのは、プロペラを挟んでコックピットの両側にあるナセルだった。

### 空飛ぶ戦艦

F.K.6には「空飛ぶ戦艦」というあだ名がついた。意地の悪いことだが、戦艦のほうが地面から簡単に離れると皮肉を言う人間もいた。

最初のF.K.6のパイロットは、どの方向もあまりよく見えなかったようだ。この写真にある完全に修正された2番目の実機でも、視界はわずかに向上しただけだった。

ナセルは銃手の発砲に便利なように考えられていたが、解決策としては胴体後部に砲手ひとりだけを乗せるほう良かっただろう。実際には、この機はほとんど武装を搭載することはなかった。

中央翼はほかの翼よりずっと長かったが、その理由はよくわからない。その他の翼2枚は同じ翼幅だった。

# アブロ・アブロカー

## AVRO AVROCAR

　ほかに類のないアブロカーは、1952年のカナダで超音速戦闘爆撃機のための設計案として生まれた。もとになったアイディアは、アブロカナダの技術者ジョン・フロストが考え出した。カナダ政府からの資金が尽きたあと、「空飛ぶジープ」としての用途が大きいと考えたアメリカ陸軍が興味を示し、VZ-9AVのプロトタイプ2機へ資金を提供した。その機は1959年に初の係留飛行を行っている。3機の小型ターボジェットで動くアブロカーは、極秘裏にテストされた。垂直離陸能力と地面効果能力は証明されたが、電気機械式安定装置があったにもかかわらず、高度1m以上では安定しないことが判明した。NASAの風洞実験では、アブロカー固有の不安定性が確認された。最高速度はわずか56km/hにすぎなかった。

　民間向けのファミリーサイズ「アブロワゴン」や水陸両用「アブロペリカン」、さらには大型の輸送バージョンを作る計画があったものの、アブロ・アローの取り消しをきっかけに開発が暗礁に乗り上げ、結局アブロカー計画は1000万ドルという経費を費やしたのちに、1961年12月に中止となった。

　アブロカーは、何年にもわたって製造されテストされていた円盤状航空機の一例だった。どれも失敗に終わっている。にもかかわらず、どう見ても機体を地面から浮き上がらせることは失敗なのに、円状構造が実行可能だと信じつづけている設計者たちもいた。このように頑固な設計者のひとりに、フランス人のアンリ・クージネがいた。彼は何機もの円状機体を作ったが、心ゆくまで航空機開発をすることなく自動車事故で死んでしまった。

## どう見ても機体を
## 地面から浮き上がらせることは失敗だった。

創意に富むが欠陥のあるアブロカーは、アブロカナダ社が開発した最後の航空機だった。

> **データ**
> 乗員：2名
> 動力装置：コンチネンタルJ69ターボジェット推力420kg×3
> 最高速度：56km/h
> 直径：5.50m
> 全高：1.10m
> 重量：2563kg

# アブロカー「飛べない空飛ぶ円盤」

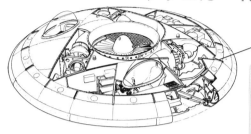

アブロカー失敗のあとで航空機設計者たちは、実現可能な円状航空機を作ろうと努力することは間違った道だと悟った。

## かすかに浮上

これまで開発されたなかでは最も「空飛ぶ円盤」に近かったが、どのテストでも浮上したのはやっと腰の高さまでだったため、未確認飛行物体の目撃談を作りだすなどという芸当はできなかった。

アブロカーには3基のターボジェットと3つの吸気口、さらに3つの燃料タンクがあった。機体の下には小さな着陸装置ユニットがあった。

ジェットエンジンの排気が中央のファンを動かし、状況に応じて空気を送り出して上昇した。前方移動は前方への推進力の方向を変えて行われた。

ドーム状のそれぞれの屋根の下にパイロットとテスト参加者（おそらくはバランスを取るために3名）の席があった。

US AIR FORCE　US ARMY

# アブロ・チューダー

**AVRO TUDOR**

アメリカの設計者たちがスーパーコンステレーションやストラトクルーザーのような、採算のとれる数の乗客を乗せられる強力な航空機を開発していたころ、イギリスが作ろうとしていたのがアブロ・チューダーだった。基本的にこの機は、商業的に意味のない積載量の、与圧式キャビンを持つ４発のダコタ（DC-3）だった。保守的な設計で、経験豊かな設計チームが取り組んだにもかかわらず、初期のチューダーは航空力学的に不安定で縦揺れと偏揺れがあり、低速ではバフェッティング（訳注：機体自身から生じた乱気流が尾翼などにあたって起こる強い震動）を起こすことが判明した。

チューダー２のプロトタイプは補助翼制御が逆に取り付けられていたために墜落し、設計者のロイ・チャドウィックが死亡した。機体には長さが異なるさまざまなバージョンがあっ

たが、チューダー４までには、このような欠陥のほとんどはどうにか解決された。しかし、「バミューダ・トライアングル」で２機が行方不明になり、1959年にはチューダー５が墜落して80名が死亡した。これは当時のイギリス最悪の民間航空機事故だった。ほとんどの注文が取り消され、結局はごく少数の機が製造されただけに終わった。

間違いなくチューダーには航空力学的問題があり、修正のため開発に大きな遅れが生じてはいたが、遅れをさらに大きくしたのは顧客がひんぱんに要求を変えることだった。最終的にはニーズに合わないと結論づけたBOACからだけでも、300もの変更点が指摘されていた。残ったチューダーはやがて貨物専用輸送型に改造され、ブリティッシュ・サウスアフリカン航空で使用された。

## 航空力学的に不安定で縦揺れと偏揺れがあった。

チューダーは改良機がいくつも作られたにもかかわらず、イギリスの航空会社がすぐにでも手に入れたかった当時のアメリカ製旅客機には太刀打ちできなかった。

### データ

乗員：３—４名、乗客80名
動力装置：ロールスロイス・マーリン621液冷ピストンエンジン1770hp×４
最高速度：475km/h
翼幅：36.58m
全長：32.18m
全高：7.39m
重量：積載時36,287kg

# チューダー「役立たずで不運」

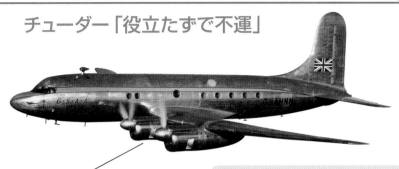

チューダーは旅客機としては成功しなかったが、貨物機バージョンは1948年から1949年のベルリン空輸で大きな役割を果たし、ソ連の封鎖を破る助けとなった。

チューダー1はわずか乗客数12名で設計されていたが、のちのモデルは80名を乗せられるようになった。残念なことに、より機体が長くて広いチューダー2や5、11は合計で11機しか製造されなかった。

## チューダーの呪い

チューダーにはジンクスがあったようだ。テストのときに問題、あるいは墜落が起きると予測されており、チューダー2機がバミューダ・トライアングルで消え失せ、そして不運はそれで終わりではなかったのだ。

1945年までには新しい輸送機のほとんどに3車輪式降着装置が備えられて地上における床面も水平を保つようになっていたが、チューダーは戦時のアブロ爆撃機の尾輪式のままだった。離陸時の顕著な揺れはよく知られた問題だった。

マーリンエンジンは戦争に勝つ助けにはなったが、民間輸送機用としてはあまり適していなかった。強力なラジアルエンジンを使っていた当時のアメリカの定期旅客機には大西洋を横断できる航続距離があったが、チューダーはそうではなかったのである。

# バッヘムBA349ナッター

## BACHEM BA 349 NATTER

ナッター（ヤマカガシ）を生み出したのは、ほとんどなんの訓練も受けていない若いパイロットをアメリカ爆撃機編隊に向けて垂直に打ち上げ、ロケット弾による強力な力で編隊を木っ端みじんにするという、自暴自棄な考え方だった。パイロットは着陸手段のない機から脱出し、ロケットモーターとともに次の機会（もし再びあるとすれば）のためにパラシュートで降下することになっていた。数度の無人打ち上げテストの後、有人テストが行

われたが、パイロットは、落ちてきたキャノピーで頭を打って死亡した。ヒトラー親衛隊（SS）はドイツ空軍より熱心で、製造予定のナッター200機のうち150機を自分たちのために要求していた。完成したのは約36機だけで、打ち上げ可能なのは10機だけだった。パイロットにとっては幸いなことに、アメリカ軍の戦車が打ち上げ地点に迫ったため、飛行機は破壊された。

数機のナッターが捕獲され、評価のためにアメリカへと輸送されていった。捕らえられたドイツ軍パイロットたちがナッター飛行のために招かれたが、なんと彼らは結局この招待を拒否している。ドイツ軍はB-29迎撃兵器として日本に売り渡そうとしたが、実現する前にドイツ降伏を迎えた。ただ1機現存するナッターは、ワシントンのスミソニアン博物館にある。

## 着陸手段のない機から脱出しなければならなかった。

第三帝国の末期に思い描かれた、多くのばかげた航空力学的思いつきのひとつであるナッターは最も過激で、作戦任務段階に到達させるのも最も非現実的だった。

| データ | |
|---|---|
| 乗員：1名 | |
| 動力装置：ヴァルター109-509　ロケット推力1700kg×1 | |
| 最高速度：800km/h | |
| 翼幅：3.60m | |
| 全長：6.10m | |
| 全高：2.25m | |
| 重量：積載時2200kg | |

# ナッター「パイロットすべての悪夢」

一連の迎撃作戦行動が非常に短時間で行われるように設計されていたため、パイロットは打ち上げ後わずか2分で任務を実行しなければならなかっただろう。

## たいへんな高さ

大型の電信柱のような垂直発射台から打ち上げられるナッターは、連合軍爆撃機が接近してきたときには毎分1万1000mで上昇することができた。

戦闘状態に入ると流線型のノーズコーンが脱落するようになっており、無誘導ロケット弾24基がむき出しになった。発射されたあとには機首全体がはずれ、パイロットは脱出してパラシュート降下することになっていた。

ナッターは主として木材で作られており、キャノピーの蝶番は家具用だった。キャノピーは初の有人飛行で破断し、パイロットを直撃した。

貴重なロケットモーターを収納している尾部は使用後にパラシュートで落下させ、次の任務のために回収された。

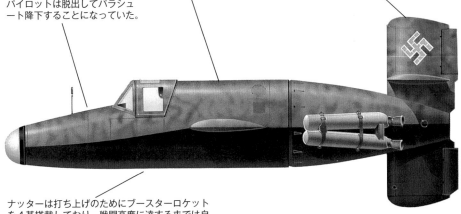

ナッターは打ち上げのためにブースターロケットを4基搭載しており、戦闘高度に達するまでは自動操縦だった。サステイナーロケットは最大推力を70秒間保持したが、時間を延長するために推力を変えることができた。

# ベルFMエアラクーダ
## BELL FM AIRACUDA

　1930年代後半は、メッサーシュミットBf110やフォッカーG.1.のような重量級「戦略戦闘機」がはやりの時代だった。これらの機の目的は敵の領土に侵入する味方爆撃機を護衛し、長距離で敵爆撃機を迎撃し、対地攻撃任務を実行することだった。実際の戦闘では、これらの機は単座戦闘機に対して脆弱で、護衛機のくせに護衛が必要なほどだった。この手の航空機として新たにアメリカから参入したのがベルXFMエアラクーダで、その目的は敵爆撃機編隊に対する「機動性のある対空戦力」だった。

　エンジンナセル前方に乗った銃手は射撃のための広い視界が得られたが、背後にあるエンジンは熱く、しかも地上ではひんぱんにオーバーヒートを起こした。しかも緊急脱出のためには、両方のプロペラを停止し、フェザリングする必要があった。なめらかな外観にもかかわらず抗力が大きすぎるエアラクーダは、大半の爆撃機より低速で、戦闘機よりも運動性が劣った。272kgという爆弾積載量ではあまり役に立たなかったため、目的としたいくつかの役割はどれも満足に果たすことができなかった。「FM」は航空機記号では「多座戦闘機」を意味する。各エンジンナセルに配された37mm砲は、パイロット背後の操作員が遠隔で動かせたにもかかわらず、弾丸の装填などに人力を必要とするため、エンジンナセル前部に銃手を搭乗させなければならなかった。

## 目的の役割を満足に果たすことができなかった。

### データ
乗員：5名
動力装置：アリソンV-1710-13液冷ピストンエンジン　1150hp×2
最高速度：431km/h
翼幅：21.34m
全長：14.00m
全高：5.94m
重量：最大9809kg

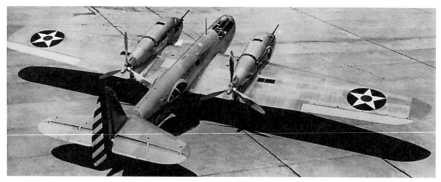

ベル社が最初に開発した航空機であるエアラクーダは、まとまりのない要求への興味深い回答だった。ほんの数機しか製造されず、訓練という限定任務しか果たさなかった。

# エアラクーダ「格好はいいが設計は悪い」

エアラクーダは、来襲する爆撃機編隊に対して、随伴してくる敵護衛戦闘機の射程外から迎撃することを意図していた、唯一の戦闘機だったと記憶されるはずだ。

## 着陸は簡単

パイロットの報告によると、エアラクーダは出力が高いと縦揺れで不安定だが、出力が下がると安定したため、少なくとも楽に着陸させることはできた。

機首の下にペリスコープがあったため、射撃管制官は敵の戦闘機を捜索するために背後と下の視界が得られた。

エンジンナセルにいた乗員は、銃手というよりむしろ装塡手というべきだった。彼らは37mm砲を撃つことができたが、通常は胴体部分に乗っている射撃管制官が行った。

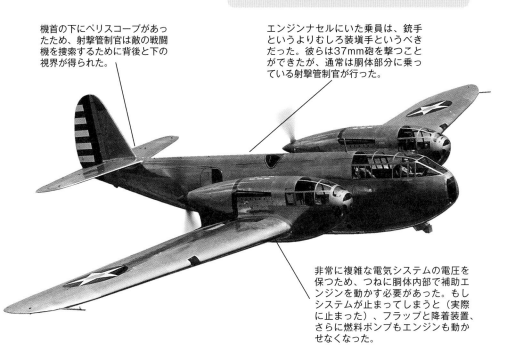

非常に複雑な電気システムの電圧を保つため、つねに胴体内部で補助エンジンを動かす必要があった。もしシステムが止まってしまうと（実際に止まった）、フラップと降着装置、さらに燃料ポンプもエンジンも動かせなくなった。

# ブラックバーンA.D.偵察機
## BLACKBURN A.D.SCOUT (SPARROW)

イギリス海軍本部のハリス・ブース航空局（A.D.）は、海軍のためにどう見ても奇妙な対飛行船戦闘機を設計した。構造はそれまで通りに木材と繊維で作られたものだったが、胴体は標準手法になろうとしていた下の翼ではなく、上の翼に取り付けられていた。これでパイロット兼砲手は素晴らしい全方向視界を得られたが、安定性にはまるで寄与しなかった。

この偵察機は（非公式にはスパローと呼ばれた）デービス2ポンド無反動砲を搭載する予定だったが、無反動であろうとなかろうとその種の武器の搭載に耐えられる構造ではないという賢明な考えが勝った。そのかわりに、通常のルイス式軽機関銃が装備された。ひとりの人間が飛行機を飛ばし、大口径砲に弾を装填し、射撃して再装填することができるかどうか非常に疑問だった。イギリス海軍航空隊がこの偵察機を入手したとき、重量過剰のために非常に操作性が悪いことが判明している。海軍本部は受領はしたものの満足せず、1カ月もしないうちに処分してしまった。

イギリス海軍航空隊パイロットが行ったテストでは、この機はきわめて重量があり、脆弱で動きがにぶくて操作性が最悪であり、それは空中でも地上でも同様だった。このタイプが軍で受け入れられる可能性は万にひとつもなかった。

## 重量過剰できわめて操作性が悪かった。

A.D.偵察機の4機のうち、それぞれ2機を製造したヒューリット・アンド・ブロンドー社とブラックバーン社が、ほとんどの責めを負わされているようだ。写真の中空に浮かんでいる水兵は、搭乗時に跳び上がったのか、それとも上から落ちたのかはさだかではない。

### データ
乗員：1名
動力装置：9気筒ノーム単バルブ・ロータリー（回転式）エンジン100hp×1
最高速度：135km/h
翼幅：10.18m
全長：6.93m
全高：3.12m
重量：不明

# （スパロー）

## スパロー「どこから見ても珍妙」

### みにくいアヒルの子

長いあいだブラックバーン航空機発動機株式
会社には、非常にみにくい飛行機を製造する
という真偽不明の評判があったが、なかでも
A.D.偵察機がとりわけみにくいに違いない。

間隔が非常に狭い降着装置につ
いている着陸用そりでは、前方
に傾くのを止める役には立たな
かった。

上の翼に胴体を取り付けたというだけ
ではなく、その上の翼は下の翼よりも
小さかった。

尾翼を支えるテイルブームは水平に
ほぼ3.4m離れて取り付けられてい
た。テイルブーム後端の着陸用そり
が、スパローをきちんと立たせる助
けになっていた。

水平尾翼は非常に細い4本の
テイルブームで取り付けられ
ていた。水平尾翼自体は上の
翼と同じくらい大きかった。

# ブラックバーン・ブラックバード

**BLACKBURN BLACKBURD**

1916年における空母の状況、もっと細かく言えば航空機積載艦の状況は、雷撃機のような大型、大重量の航空機でも向かい風があれば離艦可能だったが、当時の離艦用甲板は小型すぎて再着艦することはできなかった。フロート付き水上機の作戦では、船舶は潜在的に危険な水域に停泊することが要求される。ブラックバード（burd はスコットランドの古語で少女を意味する）は船舶から離陸し、車輪をはずして捨て（回収できるように素早く）、それから車軸も捨て、それにより魚雷が投下できるように設計されていた。任務が終了すると、回収されるため船の横に不時着水することになっていた。

ブラックバードは縦揺れで不安定であり、魚雷を積載していてもいなくても機首が重く、方向舵は役に立たず、甲板への着艦は事実上不可能であることが、はっきりしていたからである。

ブラックバードには着陸用そりの装備が計画されており、これで安全に甲板着艦ができると考えられていた。構造単純化のために、どの部分も箱のような形をしていた。

ブラックバーンはそれからも英国海軍と長いつながりを持ち、玉石混淆でいくつもの航空機を製造している。ブラックバードのような大失敗もあれば、スキュア戦闘機／急降下爆撃機のようないくらかマシな例もある。

## 機首が重く、縦揺れで不安定だった。

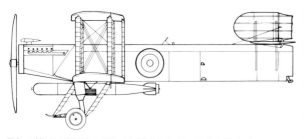

最初の機は正式試験の開始時に墜落したが、頑丈な構造がパイロットの負傷を防いだ。

**データ**
乗員：1名
動力装置：ロールスロイス・イーグルVII液冷ピストンエンジン　350hp×1
最高速度：153km/h
翼幅：15.97m
全長：10.64m
全高：3.78m
重量：積載時2586kg

# ブラックバード「簡素だが能なし」

1923年に就役したブラックバード観測偵察機が、イギリス海軍に受け入れられた初のブラックバーン製航空機だった。

## 着外馬でしかない

一連のブラックバーン製艦上攻撃機の最初の機である箱型のブラックバードは、海軍の要求にこたえようとした3種の競作機のなかで最も貧弱であったため、数カ月のうちに注文が取り消された。

ブラックバードのコックピットは簡素で、パイロットのみが搭乗した。のちには、すべての艦載機に航法と通信、自衛を担当する複数の乗員が乗るようになった。

離陸直後、コックピットのレバーで車輪を落下させ、補助翼／フラップをニュートラルに戻した。そして同じレバーが、魚雷保持ストラップの解除と投下前のモーター始動にも使われた。

連結された4枚の補助翼は、離陸時と着陸時にはフラップとして使うことができた。

降着装置はかなり複雑で、さまざまなやり方で分割できるように設計されていたため、ブラックバードは着水もできれば、着陸用そりを使った着陸もできた。主脚は非常に反発力が強くて頑丈に作られていて、車軸の支えがないにもかかわらず激しい着陸に耐えられた。

ブラックバードは、簡単に大量生産ができるように箱状の機体に設計された。最初の機は先細りの機首だったが、次の2機は完全な矩形になった。

# ブラックバーンTB

## BLACKBURN TB

　技術的に見れば戦闘機であるブラックバーンTBは、史上最も目的に特化した飛行機だった。つまり対ツェッペリン飛行船長距離双発フロート付き水上機だった。これはブラックバーンの最初の双発航空機だが（TBはツイン・ブラックバーンを表す）、ふたつの単発型がちぐはぐに組み合わさったようなものだった。胴体尾部と水平尾翼は実際に、当時ブラックバーンがライセンス製造していたBE.2のものだった。

　150hpのスミス・ラジアルエンジン2基の前提で設計されたTBだったが、結局は出力が3分の2のパワープラントを使うことになった。戦時での積載量は発火効果のあるわずか32kgの鉄製の矢だけだった。TBの攻撃方法はこうだ。敵の飛行船の上空まで上昇し、観測員が致命的なガス漏れを起こして発火させるために矢を投げつける。TBにはほかの武装はなく、ツェッペリンの射程に入ることはおろか、上空まで上昇できる見こみすらなかった。

　TBで使われた主要兵器は、ランケンダートと呼ばれるもので、なかに高性能爆薬と黒色火薬がつまった先端が尖った矢状の鉄の円筒であった。矢がツェッペリンの外皮に突き刺さると、矢羽根の付いた尾部がバネ仕掛けで開いて位置を保ち、同時に雷管が作動する仕組みになっており、矢はそれから炎をあげて燃えだす。矢は24本1組で搭載されており、1本だけでも、あるいは一度に数本を投擲することもできた。

## ツェッペリンの射程に入ることはおろか
## その上空まで上昇できる見こみすらなかった。

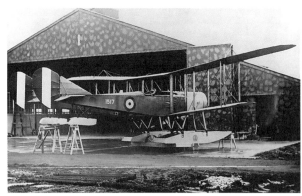

7機のTBがイギリス海軍航空隊に納入された。これらの機はドイツ軍のツェッペリンの乗員にさほど警戒を起こさせることもなく、やがて1917年に解体されてしまった。

### データ

乗員：2名
動力装置：ノーム単バルブ・ロータリー（回転式）エンジン　100hp×2
最高速度：138km/h
翼幅：18.44m
全長：11.13m
全高：4.11m
重量：積載時1588kg

# ブラックバーンTB「ツェッペリンには脅威ではなかった」

当初はイギリスを夜襲から防衛する責任は英国海軍航空隊が担っていたが、その任務は1916年に英国陸軍航空隊へと移された。

## 火の洗礼

TBにはふたつのメインフロートがあり、ひとつはそれぞれの胴体の下に、補助フロートはそれぞれの尾部の下にあった。ガソリンをエンジンに送るとフロートにしたたり落ち、エンジンを始動すると火がつくという事故が起きやすかった。

構造が飛行時にはゆがんでしまうほど強度が低く、ふたつの胴体がお互い勝手に動くため、横方向の補助翼のケーブルがゆるんでしまい、横操縦に支障が出た。おまけに補助翼をある方向に向けると翼が曲がり、反対方向への動きが起きる欠点もあった。

搭乗員とパイロットのコックピットが離れていたため、手のサインでしか意思疎通ができなかった。

最後のTBは110hpのクレルジェエンジンを搭載していたが、このエンジンは性能の問題にはなんの解決策にもならなかった。

# ブロームウントフォスBV40

## BLOHM UND VOSS BV40

1943年までにアメリカ爆撃機がドイツの都市や工場に対して行った猛烈な空襲に奮起した第三帝国航空省（RLM）は、航空産業からの技術的解決を探し求めるようになった。ジェット戦闘機やロケット戦闘機、地対空ミサイル、グライダー戦闘機などだ。ブロームウントフォスBV40が作られた背景には、強力な砲で武装した小さなグライダーは、爆撃機編隊のなかを通り抜けて、発見される前に1機か2機は撃墜することができる、という考え方があった。一度編隊を通り抜けたあとに、爆弾をケーブルで曳航したBV40が再び通り抜けることも提案された。しかしこれは、ふたつめの30mm砲を搭載するほうがいいという

意見が支持されて却下された。プロトタイプが数機失われていたが、飛行試験プログラムでBV40の基本的機能性が証明された。しかし概念自体の実現の可能性は証明されず、このアイディアは1944年後半に放棄された。

計画が中止されるまでには、上昇能力を与えるためにパルスジェットあるいはロケットを搭載する改造型も提案された。ほかには、主翼下面に爆弾を取り付けられるように改造する案があり、飛行機はハインケルHe177の翼の下で2機一組で運ばれ、それから作戦地帯周辺で切り離されることになっていた。しかしこれらの提案のどれもが、実際に試されることはなかった。

## プロトタイプが数機失われていたが、飛行試験プログラムでは基本的な機能性が証明された。

BV40が爆撃機より上空まで達するためには戦闘機が貴重な燃料を使う必要があり、やがてグライダー戦闘機はなんの利点もないことがはっきりした。

### データ

乗員：1名
動力装置：なし
最高速度：900km/h
翼幅：7.90m
全長：5.70m
全高：1.66m
重量：950kg

# BV40 「小さいし、たいして破壊的でもない」

## やぶれかぶれの手段

BV40もまた戦争末期のドイツ空軍の常軌を逸したアイディアで、訓練を部分的にしか受けていないパイロットを非戦略的素材（BV40は装甲部以外は木製だった）で作られた航空機に乗せ、第8空軍と戦わせようしたものだった。

BV40は1944年6月2日に行った最初の自由飛行で、メッサーシュミットBf110によって上空へと曳航された。これはうまくいったが、速度が低下すると急速に落下し、激しい着陸で破損した。

理論的には、BV40の小さな断面は狙われる部分を最小化するだけでなく、上空から爆撃機に向けて805km/h以上で急降下できるはずだった。

胴体前部を小さくするために、パイロットは頭をパッド入りのヘッドサポートに預けてコックピットでうつぶせになっていた。

重爆撃機編隊からの反撃からパイロットを守るため、BV40のコックピットのすべての面に厳重な装甲がほどこされていた。風防ガラスの厚さは120mmだった。

BV40は車輪つき台車に乗せられて離陸し、台車は離陸後投棄された。機が任務から生還した場合には、引き込み式のスキッドにより着陸した。

武装はMe262と同じMk108、30mm重機関砲2門で、翼付け根に搭載されており、それぞれに35発が装填できた。

# ボーイング2707
## BOEING 2707

　ボーイング2707は、1963年6月のケネディ大統領による、英仏のコンコルドと競争できる超音速旅客機（SST）の要望によって生まれた。コンコルドやソ連のTu-144とは異なり、アメリカのSSTはほとんどがチタンで作られ、マッハ3で飛行できるように作られるはずだった。1966年、ボーイングの可変後退翼（VG翼）モデル2707が、ロッキードやノースアメリカンの提案を退けて選ばれた。ボーイングは素晴らしい原寸大のモックアップを作り、将来は700機から1000機の販売を見こんでいた。マッハ3のSSTを目指す技術的な挑戦は、低速で小型のライバルが直面したよりもはるかに大きな困難をともなうものだった。

　可変後退翼というアイディアは1968年に放棄され、より小型の固定翼の型が計画された。この型は1970年に試験飛行を行い、1974年には民間での就航を計画していた。2機のプロトタイプの製造がはじまったものの、1971年にはSST計画が中止されてしまった。中止の表向きの理由は、上昇する石油価格と環境に対する懸念だった。

　ボーイング2707プログラムのための多くのデータは、1964年に初飛行したノースアメリカンのXB-70超音速爆撃機によって集められていた。1966年1月、2機目のXB-70Aプロトタイプがマッハ3で30分以上飛行した。この機は事故で失われたが、最初のXB-70Aはアメリカの超音速旅客機計画が放棄されるまで、計画に関連する高速空気力学研究機として働きつづけた。

## 中止の表向きの理由は、上昇する石油価格と環境に対する懸念だった。

大きな努力と莫大な費用を費やしたにもかかわらず、アメリカは自前の超音速旅客機を完成できなかった。

### データ
乗員：3名、乗客277名
動力装置：ゼネラルエレクトリックGE4/J5Pアフターバーナー付きターボジェット　推力28,370kg×4
巡航速度：マッハ2.7／2900km/h
翼幅：伸張時93.27m
全長：93.27m
全高：14.10m
重量：最大306,175kg

# ボーイング2707
# 「コンコルドのライバル」

野望が大きすぎ、複雑すぎたボーイング
2707が、果たしてプロトタイプ段階か
ら先に進むことができたのかどうかは疑
わしい。

## 嫉妬するライバル

マッハ3SST計画が達成不可能だとは
っきりしたとき、多くのアメリカ当局
者がコンコルドが全潜在能力を発揮す
るのを阻止しようとあらゆる努力をし
た（コンコルドのアメリカ乗り入れを
阻止しようとしたことを指す）。航空
機の未来にとって、彼らの努力が失敗
に終わったのは幸いなことだった。

2707は18輪の降着装置を取り
付けることになっていた。主輪は
それぞれに4つの車輪がある4
つの台車を組み合わせたもので、
重量を分散して滑走路に圧力を
かけすぎないようになっていた。

原寸大模型の客室には277席を
（ファーストクラス30席と7
席横並びのエコノミークラスが
247席）設置する広さがあった。

可変後退翼型は、
20度から72度
のあいだで翼を
動かすことがで
きた。最小後退
角では、より良
い離着陸性能が
得られた。

マッハ2.7以上の速度では、摩擦熱に耐えるために重
くて高価なスチール合金とチタンをより多く使用する
必要があった。このため、英仏とソ連のSSTはマッハ
2までしか対応できなかった。

# ボーイング・ソニッククルーザー
## BOEING SONIC CRUISER

　ボーイングは550席のエアバスA380と直接競合する航空機のかわりに、「ハブとスポーク」システム（大都市間のみを大型機で結び、そこから小型機で地方都市路線を拡げる方式）の運行ではなく、2都市間の航路に最適な767の後継機となる高速の（しかし超音速ではない）航空機を作る計画をたてた。

　2001年3月に公表されたソニッククルーザーの設計は、伝統的な航空機形状から大胆に逸脱したものだった。ある評論家はこれを、ロッキードSR-71（マッハ3の偵察機）のテイル部分をビーチ・スターシップ（カナード型のビジネス機）にくっつけたようだ、と評した。どの航空会社からも真剣に興味を持たれることがないまま、計画を2002年12月に放棄したボーイング

は、これを冷え込んだ市場と2001年9月11日の同時多発テロの影響のせいにした。計画のおもな障害のひとつは過度の燃料消費だった。ボーイングとしては、ソニッククルーザーが従来の旅客機よりも15%から20%多く燃料を消費するだろうと認めてはいたが、高速で飛ぶことで、どの航路でも燃料消費はほぼ同じになるだろうと推測していた。問題は、潜在的な顧客である航空会社は、推測ではなく確固たる事実を求めていたことだった。

　提案された技術のなかには、ずっと伝統的な形状をした、新しいモデル787ドリームライナーへと結びついたものもある。ボーイングはすでに、A380の競争相手となれる機体の研究を再開したのである。

## 伝統的な航空機形状から大胆に逸脱していた。

魅力的で未来的なデザインが実用可能にならなかったという点から見れば、ソニッククルーザーが実現しなかったことはある意味では残念なことだといえよう。

<table>
<tr><td colspan="2">データ</td></tr>
<tr><td>乗員</td><td>：2名、乗客200—250名</td></tr>
<tr><td>動力装置</td><td>：ターボファンエンジン　推力52,160kg×2</td></tr>
<tr><td>最高速度</td><td>：マッハ0.98</td></tr>
<tr><td>翼幅</td><td>：50.00m</td></tr>
<tr><td>全長</td><td>：60.00m</td></tr>
<tr><td>全高</td><td>：不明</td></tr>
<tr><td>重量</td><td>：最大200,000kg</td></tr>
</table>

# ソニッククルーザー「ビーチ・スターシップ」

ソニッククルーザーは、平均的な飛行機より15%から20%多く燃料を使う、大食らいだと見られていた。

## 警戒心に負けた

ソニッククルーザーが提案したのは、高速で長距離、高効率の21世紀のための新たな旅客機だった。残念ながら、おそらく9月11日以後の航空産業にはあまりにも型破りだったのだろう。

着陸装置の配置やコックピットのデザインなどの、細部の設計が発表されることがないまま（作成することも）、計画が中止になった。

ソニッククルーザーについて引用された乗客数や最大航続距離の数字には幅があり、マッハ0.95では乗客200名から250名で、航続距離1万3890－1万6668km（7500－9000海里）とされていた。最大数値を達成するのは、おそらく技術的に非常にむずかしかっただろう。

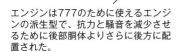

エンジンは777のために使えるエンジンの派生型で、抗力と騒音を減少させるために後部胴体よりさらに後方に配置された。

# ボーイングXB-15

## BOEING XB-15

さまざまな双発爆撃機に手を出していたアメリカ陸軍航空隊（USAAC）は、1933年に真の戦略的能力を求めて要求仕様を発表し、これが当時アメリカ最大の航空機である、巨大爆撃機XB-15へとつながった。プロジェクトAとして知られているこの要求仕様では、1トンを積載して8000km以上の距離を飛ぶ能力のある爆撃機の製造を求めていた。言い換えると、アメリカ大陸からパナマやハワイ、アラスカの基地へとノンストップで飛べる航空機だった。参謀本部が開発を認め、1934年5月12日に予備設計と設計データについての交渉が、ボーイング社とマーティン社相手にはじまった。

全金属製のXB-15には、補助電源装置や航空機関士の配置、防衛用の重武装などに特徴があった。残念なことに、エンジン技術の発達が機体の開発に追いつかず、提案された2000hpのエンジンは、XB-15が初飛行した時から2年後でなければ入手不可能だった。結局XB-15はとてつもないパワー不足のまま完成したため、性能は不適切であり、特にそのころに就役しはじめた新しい戦闘機にはとうてい太刀打ちできるものではなかった。XB-15の製造中により小型だが高性能なB-17初号機が初飛行してしまい、XB-15はXC-105輸送機となって、カリブ海周辺で荷物を運びながら戦況をながめるしかなかったのである。

## XB-15の性能は不充分だった。

バーリング爆撃機と同様に、XB-15は孤独な巨人だった。貨物機となったこの機は実戦で爆弾を投下することもないまま、戦争終了時にパナマで解体された。

### データ

乗員：10名
動力装置：プラット＆ホイットニーR-1830-11空冷星型ピストンエンジン1000hp×4
最高速度：346km/h
翼幅：45.42m
全長：26.70m
全高：5.56m
重量：最大32,069kg

# ボーイングXB-15「動力不足で能力不足」

XB-15は「空飛ぶ要塞」B-17として
実用化されたボーイング・モデル299
という、より良い航空機に取って代わ
られただけだ。

## 技術的障害

XB-15のおもな問題は、エンジン技術が機体
の開発より遅れていたために、必要なエンジ
ンがすぐに手に入らなかったことだった。

翼の付け根が非常に厚かったた
め、乗員は飛行中にエンジン室
背後に延びている通路を通って
エンジン補機部分に行くことが
できた。

8000kmという長い航続距離
を持つXB-15には、乗員が任
務のあいだに休憩できる簡易寝
台が備えられていた。

大きな貨物室扉と巻き上げ機
を追加装備されたXB-15は、
XC-105輸送機に姿を変えた。
大きな貨物搭載量と航続距離
（速度はともかく）のおかげで、
パナマ運河地帯へと往復する輸
送任務に非常に適していた。

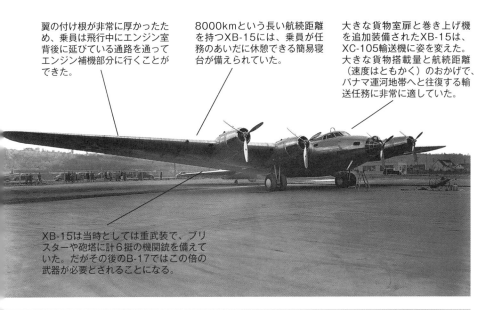

XB-15は当時としては重武装で、ブリ
スターや砲塔に計6挺の機関銃を備えて
いた。だがその後のB-17ではこの倍の
武器が必要とされることになる。

# ボニー・ガル

## BONNY GULL

　25年にもわたって積み上げられた否定的な証拠があったにもかかわらず、パイロットであり発明家であったアメリカのレオナード・ウォーデン・ボニーは、有人飛行成功の秘訣は可能な限り鳥を模倣することだと信じ込んでいた。目的達成のためにカモメを研究した彼は、鳥の原理にもとづいた飛行機を創案した。ガルは1927年後半に登場したが、こんな飛行機はこれ以前もこれ以後も存在しない。まさにカモメだと描写できる翼は、実際に羽ばたく以外のことはすべて可能で、迎え角と上反角が可変であり、外翼部は可変後退角式となっていた。着陸時にガルの車輪が地面に触れると、翼が可能な限り素早くたためるように設計され、強力なエアブレーキとして働く外翼が、着陸後わずか20mで機を完全に停止させることになっていた。残念ながら初飛行が最後の飛行となったため、この原理が実際に証明されることはなかった。

　4年にわたる研究と多くの風洞試験と地上試験のあと、ボニーは1928年5月4日に友人や立会人の反対を押し切ってガルを離陸させた。ガルはふらついて尾部を左右にゆらし、地面に墜落してボニーを殺してしまった。鳥のように飛びたいという彼の夢も機とともについえた。

## こんな飛行機はこれ以前も以後も存在しない。

鳥のようなガルはライト兄弟以来の飛行家たちの経験にさからって、ごく初期の考え方へと立ち戻ったものだった。残念だがライト兄弟が正しく、発明者は代償を払うことになった。

### データ

乗員：2名
動力装置：カーカム空冷星型ピストンエンジン180hp×1
最高速度：不明
翼幅：12.27m
全長：6.58m
全高：不明
重量：約907kg

# ガル「へんてこな鳥」

ボニーが確立された航空力学的知識に
まっこうから反抗した理由は謎のまま
だが、はじめからすべての概念に致命
的な欠陥があった。

## 空に向かって

カモメに設計の基礎をおいて研究していた風
変わりなボニーは、どこにもない飛行機を開
発しようと決心していた。確かに成功はした。
しかし欠陥がひとつあった。実際には飛ぶこ
とができなかったのだ。

翼は路上輸送や収納の
ために後方へとたたむ
ことができた。

全金属製の機体は並列
座席配置で、複操縦装
置があった。座席は布
張りだった。

尾翼は小さな固定外皮
と大型の方向舵で構成
されており、鳥の尾羽
を模倣していた。

翼の迎え角と上反角は、
先端の後退角と同じよ
うに変更できた。これ
らはすべて「最小の中
央制御」で操作された。

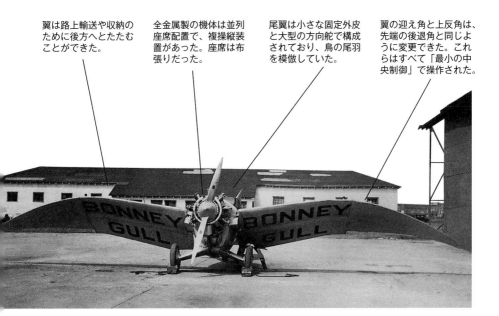

# ブリストル

## BRISTOL BRAEMAR, PULLMAN AND TRAMP

1917年の大型爆撃機の競争に敗れたブリストル・ブリーマー三葉機は、プルマン旅客機のベースとなった。しかし、大きな客室と密閉式コックピットを持つ、そのプルマンもまったく人気がなかった。プルマンの乗員は密閉式コックピットを信用しておらず、緊急時にたたき壊せるように斧を持ち込んでいた。

ロイヤルメール・スチームパケット社が興味を示したのは、スチームエンジンを動力としたトランプと呼ばれるモデル（当然かもしれない）だった。この航空機のパワープラントは1919年当時では風変わりだったし、たいへんな難問でもあった。軽量で強力な蒸気機関が開発されると、胴体内のエンジン室に4基の蒸気エンジンを搭載し

たトランプが2機製造された。しかし、動力をエンジン室からプロペラに確実に伝えるシステムが実際には開発不可能なことが判明し、どちらのトランプ機も飛ぶことはなかった。

戦時余剰品があふれていた第1次世界大戦後の市場では、最も早く登場した旅客機が爆撃機を改良した機であることはごく自然だったし、時代は郵便や乗客を素早く遠くまで運ぶことを強く求めるようになっていた。この分野の先駆者だった戦後の二大強国、イギリスとフランスはやがてはじめから旅客輸送専用に設計された機体を製造するようになり、プルマンやトランプのような飛行機は遠い昔の想い出となっていった。

## 乗員は緊急時にたたき壊せるように斧を持ち込んでいた。

ブリーマーは愛されず、求められなかった。特に写真の2号機は初飛行が大戦後の1919年になってしまったからなおさらであった。

### データ

乗員：3名、乗客4名
動力装置：リバティー12
液冷直列ピストンエンジン　400hp×4
最高速度：217km/h
翼幅：24.89m
全長：15.85m
全高：6.06m
重量：積載時8051kg

# ブリーマー/プルマン/トランプ

**1917年－1919年イギリス**

## 三葉機「3つまとめてもつねにお得とは限らない」

### 無駄な役割

爆撃機として製造され、雷撃機としても考えられていたブリーマーは、まず旅客機になろうとし、それからロイヤルメールの補助的な郵便機になろうとしたが、どの役割も手に入れられなかった。

プルマンの内部はファーストクラスの客車のようにしつらえられていたが、有料の乗客を運ぶことはなかった。

トランプの蒸気エンジンは胴体に設置されており、プロペラをケーブルと滑車で動かした。ギアシステムが働かなかったために、このやり方は無理だと判明した。

2機のブリーマーは開放コックピットで機首に銃座があったが、プルマンのコックピットは風防ガラスにぐるりと取り巻かれていた。この機を飛ばしたイギリス空軍のテストパイロットは、もともとの配置のほうをずっと好んだ。

当初のブリーマーはイギリス東部の基地からベルリンへの重爆撃作戦を目的としていたが、戦争終結のほうが早かった。

# ブリストル

## BRISTOL BUCKINGHAM AND BUCKMASTER

　モスキートが出現したせいで、バッキンガムは飛行しないうちに時代遅れになってしまった。バッキンガムの製造はまず要求が確定しなかったために遅れ、さらにセントーラス・エンジンの開発の問題で遅れてしまったのだ。イタリアにいたイギリス空軍にはすでに完全に運用を拒否されており、エンジンのさらなる問題のために極東での任務にも間に合わないほど生産が遅れてしまった。爆撃機として使われることはなかったバッキンガムだが、高速輸送機としてはごく少数が軍務に使われている。400機以上の注文があったものの、終戦までに納入されたのは119機だけだった。製造ライン上に未完成で残されたバッキンガムのうち、

65機が非武装のバックマスターに転換された。この機も輸送機として使われ、その後はブリガンド軽爆撃機の転換訓練機になった。このブリガンドも外観は違っているが、バッキンガムから発展したものだった。

　まるで先行機の軌跡をなぞるように、ブリガンドも軽爆撃機としてはさほど成功せず、就役初期には能力に疑問をいだかせるほど、構造上の欠陥による事故に苦しめられた。戦後マラヤで使用されていたころ、ブリガンドの20mm砲4門同時発射が機体に無理なストレスを与えることが判明し、砲の使用が禁止されてしまったため、この機が持っていた攻撃能力は大幅に減少することになった。

## バッキンガムは、イタリアに展開したイギリス空軍に運用を拒否されてしまった。

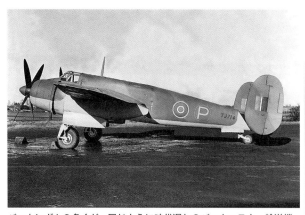

バッキンガムの多くが、同じように時代遅れのバックマスター輸送機として完成した。

### データ

乗員：4名
動力装置：ブリストル・セントーラスVIIあるいはXI空冷星型ピストンエンジン　2250hp×2
最高速度：531km/h
翼幅：21.89m
全長：14.27m
全高：5.33m
重量：最大17,259kg

## バッキンガムとバックマスター「ひどい双子」

戦時の「ブリストルの双子」にはもう1組、ボーフォート雷爆撃機とボーファイター双発戦闘機がある。

### 旅客輸送機

開発のあいだにも変わりつづけるイギリス空軍の要求に影響され、爆撃機として納入されたバッキンガムはわずか54機となり、残りは4人乗りの高速人員輸送機として納入された。

バッキンガムは尾翼全体を大型化するまで貧弱な安定性を示した。そして軍に就役するまでには、そのほかにも多くの修正が必要だった。

何年ものあいだ、バックマスター練習機はイギリス空軍で最高の性能を持つ訓練用航空機だった。数機は1950年代なかばまで軍用として使われていた。

輸送機としてのバッキンガムC.Mk1は、モスキートより長い航続距離を持っていたが、4名の乗客しか乗せられないために経済的ではなく、あまり利用されなかった。

バッキンガムではガラスで覆った機首に爆撃手を乗せるのではなく、空気抵抗の大きい胴体中ほどのゴンドラに乗せていた。

# ブリティッシュエアロスペース

## BRITISH AEROSPACE NIMROD AEW.3

イギリス空軍は、空中早期警戒機（AEW）として使われていた1940年代の古典的なアブロ・シャクルトンと交替させるため、ニムロッド海上哨戒機の機首と尾部のレドームにGECマルコーニ製レーダーを搭載した、AEW型ニムロッドの開発を1976年に開始した。だがこの計画はあっという間に予定より遅れてしまった。1機目のプロトタイプの欠陥が明らかになったとき、2機目のプロトタイプの改造作業がすでに進行中だった。ふたつのソフトウェア部門の管理者同士が連携をとっておらず、これはふたつのレーダー部門でも同様だった。コストは急上昇した。費用が約15億ポンドになると推定されたあと、ようやくイギリス政府は無価値なものに貴重な金銭をつぎこむのを止める決断を下し、計画は1986年に中止された。このためシャクルトンは、アメリカのボーイングE-3セントリーに交替する1991年まで使用されなければならなかった。

ざっくばらんに言えば、ニムロッドAEW.3はまぎれもない失敗作だ。そしてこの失敗もまた、不適切な装備を発注したうえに、それをまったく任務にふさわしくない航空機に搭載しようとした、イギリス政府の「間に合わせ」のいい実例である。

1980年代には、12機のニムロッドはレーダー搭載のAEW.3に転換されることになっていた。上昇したコストと技術的問題から6機に減らされ、やがてゼロになった。現在のニムロッドMRA.4計画も似たような苦しい経過をたどっているが、（今のところ）中止はまぬがれている。

ニムロッドAEW.3は、ブリティッシュエアロスペース社の最悪の決定のひとつだ。

## ざっくばらんに言えばニムロッドAEW.3はまぎれもない失敗作。

### データ

乗員：12名
動力装置：ロールスロイス・スペイ250ターボファン　推力5510kg×4
最高速度：（MR.2）926km/h
翼幅：35.00m
全長：38.60m
全高：9.08m
重量：最大（MR.2）89,098kg

## ニムロッドAEW.3「回り道」

イギリス空軍がはじめから欲しがっていたのは、すでにNATOが使っていたボーイングE―3セントリーだったが、その航空機を最終的に手に入れるまでは、この高価な役立たずをなんとか完成させようと努力しなければならなかった。

### 警戒なし

ニムロッドAEW.3は1982年のフォークランド紛争までには就役しているはずだったが、そうはならなかったためイギリス海軍の機動部隊は空中早期警戒機なしで行動しなければならなかった。

ニムロッドはコメット４旅客機がもとになっていた。コメット１の悲劇から学んだ教訓は、新しいモデルは確実に長い機体寿命を持つように堅固に製造することだった。

ふたつの別アンテナからのレーダー入力を調整してひとつの情報として整理するのは、当時入手可能だったソフトウェアには難しいことが判明した。

レーダーを機首と尾部に設置する設計は、機体上部にロトドームを搭載したE-3 AWACSに特有の下部の盲点を排除するためだった。

# カプロニCA.60ノビプラーノ
## CAPRONI CA.60 NOVIPLANO

素晴らしい飛行機をいくつか製造していたジャンニ・カプロニ伯爵は、何を考えたのか、9枚もの翼と8基のエンジンを持つ巨大な水上飛行機を作ろうと思いたった。この飛行機、あるいはさらに大きなバージョンで、大西洋を越えて100人以上の乗客を飛ばしたいと思っていたのだ。これだけたくさんの支柱と翼があったのだから、尾翼がないことに気づかなかったとしても無理はないだろう。特に事故もなくジャンプ程度の飛行をしていたようだが、正式な初飛行は不成功に終わった。マッジョーレ湖の上で約18m上昇したあとで機首が突然下がり、湖へと突っ込んでしまった。テストでは鉛のバラストが多数必要なことが示されていた

ため、そのバラストが飛行中に動いてしまったという説もある。テストパイロットのセンプリーニは残骸から無傷で這い出てきた。このあと、謎の火災で残っていた機体が燃えてしまい、大西洋を渡るという伯爵の夢は終わった。

カプロニ伯爵は、第1次世界大戦終結直後にCA.60の計画を開始した。戦争中に大型の多発爆撃機を製造した経験があったために、非常に素晴らしい性能の大型民間輸送機を製造できる自信があった。ひとつ言えるのは、変わった構造とその巨大さで印象的なノビプラーノは、最初で最後の「三翼式の三葉機」でありつづけることだ。

## 史上、最初で最後の「三翼式の三葉機」でありつづける。

ノビプラーノは「9枚の翼」を意味しているが、CA.60は「空飛ぶハウスボート」などの侮蔑的な名前で呼ばれることもあった。ある評論家はスペイン無敵艦隊の遺物にたとえている。

**データ**
乗員：8名
動力装置：リバティー水冷ピストンエンジン400hp×8
巡航速度：推定112km/h
翼幅：30m
全長：23.47m
全高：9.24m
重量：24,993kg

# ノビプラーノ「空飛ぶハウスボート」

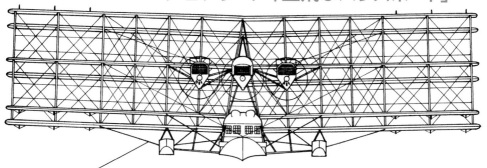

側面のふたつの補助フロートは、水上で安定性を得るために艇体の両側に張り出して設置されていた。

## いかれた伯爵

飛行機設計で名声を博したカプロニ伯爵だったが、ノビプラーノを発表したあとは評判ががた落ちになった。この飛行機のどこにも理にかなったところがなかったからだ。

CA.60の翼面積はB-52爆撃機の2倍だった。すべて同じ大きさの翼がほぼ同等の負荷を生じ、縦方向に不安定を生じた。おそらく、補助翼の作動量を前部と後部で差をつけて縦揺れを制御したのだろう。

パイロットは開放コックピットにいたが、乗客は古今のどんな旅客機より窓の多い客室にいた。

8基のリバティー・エンジンが搭載されていた。中央のエンジンには4枚羽根のプロペラが装備されていた。

# コンベアNB-36

## CONVAIR NB-36

　クルセイダーの名でも知られている
NB-36が目的としていたのは、航続時
間無制限の原子力飛行機という最終的
目標に向かって、原子炉を搭載した飛
行の実現可能性を証明することだった。
NB-36Hの製造には竜巻で破壊された
B-36の部品が使われ、さらに乗員を放
射能から守るために、厚い鉛のシール
ドと黄色に着色したガラスが使われた
機首コンパートメントが新設された。
NB-36Hが墜落すると非常に恐ろしい
悪影響が考えられるために、すべての
テスト飛行で数機の支援機が随伴して
おり、そのうちの1機には空挺部隊の
チームが乗り込んでいた。NB-36Hが
墜落、あるいは原子炉を投棄するよう
なことがあれば、空挺部隊が降下して
落下地点を確保し、さらに放射能除去
を手伝う手はずになっていた。災害が
起きたときのために、大統領執務室と
のホットラインが設置された。ある飛
行で原子炉室で発煙筒が作動したとき、
このホットラインがあわや使われると
ころだった。

　1950年の後半にはソ連も原子力爆撃
機の可能性について研究しており、原
子炉搭載試験も行っていた。ソ連の飛
行機（Tu-95）のターボプロップエン
ジンのうち2基は、後部胴体に据え付
けられた原子力で動いていた。飛行機
は2名の乗員で飛ばし、1名は航空機
生産省の、もう1名はソ連空軍の所属
だった。搭乗する人間にはなんの特典
もなく、放射能防護シールドなどもな
かった。飛行した12名のうち、1990年
代まで生き残ったのはわずか3名だっ
た。

## すべての飛行で数機の支援機が随伴した。

アメリカの原子力航空機（NPA）計画は15年続き、数十億ドルを費
やしたが、小さな原子炉を機上搭載する以上の結果は得られなかった。

### データ

**乗員**：5名
**動力装置**：プラット＆ホ
イットニーR-4360-53
ラジアルエンジン
3800hp×6 プラス
G.E.J47ターボジェット
推力2360kg×4
**最高速度**：676km/h
**翼幅**：70.10m
**全長**：49.38m
**全高**：14.23m
**重量**：162,305kg

# コンベアNB-36「アメリカ空軍の死の罠」

爆撃機が乗員たちの持久力をはるかに越えて無限に飛行できる、と納得できる人間はだれもいなかった。

## 冷戦下の争い

ジェットエンジンのみを搭載した爆撃機が開発され、空中給油ができるようになったことで、原子力航空機の必要性がなくなった。原子力航空機は、冷戦時代の爆撃機開発における大きな回り道だった。

パイロットとコパイロット、航空機関士、核技術者2名で構成された5名の乗員は飛行機の前方区画に位置しており、原子炉は後部区画に置かれていた。

厚い遮蔽板でエンジンや外部と隔絶されている乗員には非常に大きなエンジン音がほとんど聞こえず、潜水艦を飛ばしているようだと語っていた。

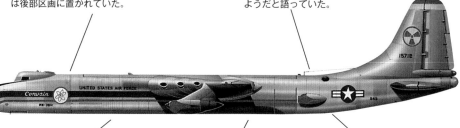

当時は、ソ連が原子力航空機を飛ばしたことはないと信じられていたが、間違っていた。ソ連がTu-95「ベア」で原子炉をテストしたときには、厚い遮蔽をほどこす手間などかけなかった。そのためほとんどの乗員がテストから数年で死亡している。

通常のB-36の飛行中のエンジン点検は後部の乗員が行っていた。NB-36Hではテレビカメラのシステムがエンジンの点検と原子炉の観察を行った。

原子炉が飛行機やそのシステムに動力を提供していたわけではない。原子炉が作動したのは、XB-36がニューメキシコの試験場上空にきたときだけだった。「クルセーダー」が飛行したのは合計で47回だけで、そのすべては日中に行われ、開始も終了もテキサス州のカーズウェル空軍基地だった。

# コンベアR3Yトレードウィンド

## CONVAIR R3Y TRADEWIND

　トレードウィンドは、1950年代のアメリカ海軍による、水上戦闘機と爆撃飛行艇、そして輸送飛行艇によるフリートを作り上げるという大計画の一部だった。もともとこの航空機はXP5Y-1哨戒飛行艇として設計されたが、海軍高官たちが要求を変えたために、初飛行後に非武装のR3Y輸送飛行艇へと転換された。

　トレードウィンドは、103名の兵あるいは92台の負傷者用担架を運ぶことを目的としていた。当時、機首の扉から出てきた海兵隊大隊らしき兵たちが浜辺へと突進している広報写真が多く発表されたが、現実にはこの扱いにくい飛行艇は、どんな形にせよ敵前上陸作戦に使うには非常に攻撃に弱かったに違いない。

　R3Yを運用したのは1個飛行隊だけだったが、ものすごく複雑なT40ターボプロップエンジンはたえず故障し、二重反転プロペラはしばしば同期せず、さらにオーバーヒートも起こした。1組のプロペラとギアボックスが吹き飛んであやうく大惨事を起こしそうになったあと、全てのR3Yは直ちに飛行停止とされ、解体されてしまった。

## この扱いにくい水上飛行機は、どんな形をとったにせよ敵前上陸作戦を遂行するにはあまりにも脆弱だった。

トレードウィンドは、世界で最初に生産に移されたされた（わずか11機だが）ターボプロップの飛行艇だった。

### データ

乗員：5名
動力装置：アリソンT40ターボプロップ　5860hp×4
最高速度：624km/h
翼幅：43.45m
全長：42.57m
全高：13.67m
重量：積載時63,674kg

# R3Yトレードウィンド「最初のターボプロップ飛行艇」

もともとは海上哨戒機を目的としていたトレードウィンドは、輸送機と空中給油機として2年足らずのあいだ使われた。

## 当てにならない味方

R3Y-2トレードウィンドの目的は前線での軍事行動に兵を送り込むことだったが、現実的には目的を果たせる見こみはなく、容認できる以上の多くの命を危険にさらした。

R3Y-2は機首に積み込み扉と内蔵の油圧式ランプを持っていた。この扉が開いていると、海岸での上陸作戦時にパイロットの前方視界はまったくゼロとなってしまった。

海岸上陸時と積み下ろし作戦時には内側エンジンを止め、操作は外側エンジンで行った。荷下ろしが終了すると、プロペラを逆ピッチにすることにより後退することができた。

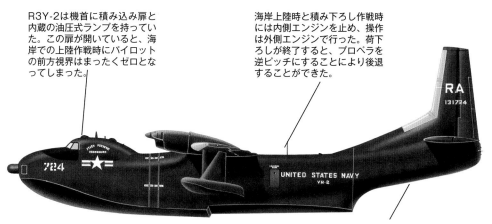

R3Y-1は単純な輸送機型で、R3Y-2は機首が開く攻撃輸送機型だった。2つあるいは4つの給油ポッドを使って、ジェット機に空中給油をすることもできた。

# コンベアF2Yシーダート

## CONVAIR F2Y SEA DART

　1940年代後半、アメリカ海軍は新しい後退翼の技術、さらに言うなら超音速飛行の技術が、当時の小型空母で運用可能な航空機のなかにじゅうぶんに生かされていないと考えていた。コンベアが出した解決策は三角翼の水上戦闘機で、1951年に契約が結ばれた。予定していたウェスティングハウス製J46エンジンの遅れからJ34を代用品としたが、この能力不足のエンジンもウェスティングハウス製だった。J34エンジンは最終的にはXJ46に換装されたが、増大した推力は約束よりはるかに小さい310kgだけだった。XF2Yは、同じコンベア製のYF-102原型と同様に、水平飛行で音速を超えるには大きすぎる抗力を発生させていた。コンベアは完全な再設計を提案したが、海軍はいろいろな理由から

このアイディア自体に冷淡になっていた。アメリカ海軍は1954年にF2Yの再評価試験を行ったものの、最初の先行量産型であるYF2Y-1が公開デモ飛行中に空中分解してしまった。全ての計画が放棄される1957年までに空を飛んだのは、3機のYF2Y-1のうち1機だけだった。

　1954年の墜落の原因はすぐに明らかになった。テストパイロットのチャールズ・E・リッチバーグが、不注意にも機体の限界を超えてしまっていたのだ。シーダートの深刻な問題のひとつはハイドロ・スキーだった。最大100km/hまでは適切に働くが、そこを越えると滑走パウンディング（訳注：ピッチングにより走行中に機体が水面をたたくこと）と呼ばれる現象の影響を受けやすく、機体に損傷を与えかねないほどの深刻な振動に見舞われた。改造は行われたが、問題が完全に解決されることはなかった。

## 深刻な問題のひとつにハイドロ・スキーがあった。

シーダートは、ほんのわずかの時間ではあったが、超音速まで到達した唯一の水上飛行機だった。パイロットのチャールズ・E・リッチバーグは2機目のシーダートに乗り、1954年8月3日に緩降下でマッハ1を越えた。

### データ

乗員：1名
動力装置：ウェスティングハウスJ34ターボジェット　推力1540kg×2
最高速度：1325km/h
翼幅：9.96m
全長：16.03m
全高：4.93m
重量：積載時7480kg

# シーダート「死を招く衝撃滑走」

この機の欠陥が片付く前にスーパーキャリアー（超大型空母）が開発され、真の意味での海上作戦ができる高性能機が可能になった。

## 地上に縛られて

シーダートは実用機として地面（あるいは水面）から離れたことはない。ハイドロ・スキーの問題は致命的だと判明していたし、初期のタイプは空中で分解した。そして計画はグラウンド（飛行停止を意味する）されたのである。

生産型は20mm砲と無誘導ロケット1組を装備することになっていた。

水上滑走時の振動の問題では、複数あるいは単数の滑走板の組み合わせがいろいろと試されたものの、完全に満足できる結果は得られなかった。

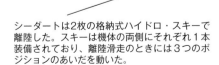

シーダートは2枚の格納式ハイドロ・スキーで離陸した。スキーは機体の両側にそれぞれ1本装備されており、離陸滑走のときには3つのポジションのあいだを動いた。

後部胴体下部にある急降下ブレーキは二重の働きをするよう設計され、水上滑走時には水中ブレーキと水中方向舵として作動した。

# コンベアXFY-1ポゴ
## CONVAIR XFY-1 POGO

　ロッキードXFV-1サーモンと同様に、強力なターボプロップと二重反転プロペラを使って垂直離着陸できるポイント・ディフェンス（拠点防衛）戦闘機として設計されたのが、コンベアXFY-1ポゴだった。考え方自体にはある程度の利点があったが、パイロットが任務終了後に航空機を着陸パッド、あるいは船に戻す方法がじゅうぶんに考えられていなかった。風洞テストでは、ポゴは秒速3m以上の降下で制御不能となった。唯一XFY-1を飛ばしたパイロットの「スキート」コールマンは、着陸時には肩越しに振り返り、射出座席を45度に調整し、それからうしろ向きに降下しながら、慎重に降下速度を判断しなければならなかった。T40エンジンの信頼性の欠如と有効なゼロゼロ射出座席（高度、速度ともゼロでも安全に脱出可能）がなかったせいで、このターボプロップの「テイルシッター」は終止符を打たれ、XFYとXFV計画のどちらも1955年なかばに中止となった。

　XFY-1はデルタ翼型式で、主翼は57度の前縁後退角を持っていた。キャスター式の降着装置はXFV-1よりずっと間隔が広く、離陸台で垂直から26度以内の角度を保って航空機を安定させることができた。またXFY-1はXFV-1より190リットル多い燃料を積んでいた。

## パイロットが航空機を着陸パッドに安全に戻す方法がじゅうぶんに考慮されていなかった。

ポゴのパイロットの命は、ひとえに「世界で最も信頼できるわけではない」と表現されるXT40エンジンがちゃんと機能するかどうかにかかっていた。

### データ
乗員：1名
動力装置：アリソンXT40ターボプロップ
5850shp×1
最高速度：982km/h
翼幅：8.43m
全長：10.66m
尾翼翼幅：6.98m
重量：最大7371kg

# XFY-1ポゴ「コンベアのロケット」

## 降下の方法はない

ポゴを地上に連れ戻すこと、なかでも後方に進みながら戻すことは、パイロットにとって実に難しい問題だった。うまく降下するには、機体が地面に対して直角である必要があった。

ヘリコプターとは違って、XFY-1は安全に着陸するためのオートローテーションができなかった。海に浮かぶ船からの戦闘機の垂直離陸という課題は、1970年代にV-STOL AV-8ハリアーが出現するまで解決されなかった。

生産モデルには空中要撃レーダーを搭載する目的だったため、スピナ（訳注：プロペラの回転中心の先端に取り付けられた整形覆い）が非常に大型だったが、機体がスピナと一緒に回転しないようにする機構は考案されていなかった。

パイロットは非常に長い梯子を昇ってポゴに搭乗しなければならないうえに、エンジン始動時と離陸時にはずっと仰向けになっていなければならなかった。地上作業員がエンジンをいじるときには特殊な可動格納庫が必要だった。

XFY-1は武装していなかったがが、生産モデルは20mm砲4門あるいは空対空ミサイル1組を装備することになっていた。

キャスター式の車輪は翼と尾翼の先端に取り付けられた。

# フェアリー・ロートダイン

## FAIREY ROTODYNE

ロートダインは、翼と牽引式のエンジン、それに翼端駆動のローターシステムを組み合わせて作った一種の複合航空機だった。残念ながら、空港やその周辺での翼端ジェットの使用が問題になった。苦痛を感じるほどの、106デシベルものかん高い騒音を発生させたのだ。消音装置については相当の研究が行われたが、当局が要求した96デシベルまで低下させられなかった。当時の予算問題でイギリス空軍と陸軍が手を引き、ロートダインは完全に民間プロジェクトになった。フェアリー社はイギリスのブリティッシュ・ヨーロピアン航空やニューヨーク航空、アメ

リカ陸軍などの興味を引こうと努力したが、生産開始に必要な注文を取り付けることができなかった。航空機産業を合理化しようというイギリス政府の政策もあって、ロートダインも航空機メーカーだったフェアリーも1962年に終わりの時を迎えた。

ロートダインは1958年のファーンボロ航空ショーで、最高速度290km/hという速さで飛行して強い印象を与えている。この速度は、アメリカ機が当時保持していた回転翼航空機（ヘリコプター）の世界速度記録よりほぼ30km/h速かった。

## 苦痛を感じる106デジベルものカン高い騒音を発生させた。

ロートダインは都市間輸送に新たな高速手段を提案したが、あまりにもうるさく、あまりにも高価だったために、たやすく予算削減と政策の犠牲になってしまった。

## データ
**乗員**：3名と乗客40名
**動力装置**：ネピア・イーランドN.El.7ターボプロップ 3500shp×2
**巡航速度**：298km/h
**ローター直径**：27.43m
**全長**：17.95m
**全高**：6.80m
**重量**：積載時14,969kg

# ロートダイン「史上最も騒々しい航空機」

ロートダインは、そのころ登場しはじめていた次世代の短距離離着陸コミューター機にまさる利点をほとんど示すことができなかった。

ローターシステムの重量増加問題は深刻で、飛行試験がはじまるまでには当初推計の2倍に達しようとしていた。

メインエンジンから送られた圧縮空気によりローター端ジェットを燃焼させ、離着陸のためにローターを回転させた。巡航時には主翼がほとんどの揚力を生み出し（約60％）、ローターはフリー回転となり、ロートダインは世界最大のオートジャイロとなった。

胴体後部には貨物や車両積み込みのためのクラムシェルドアがあった。

# フィーゼラーFi103
## FIESELER FI 103R-IV

　ヒトラー親衛隊（SS）司令官のオットー・スコルツェニーが考え出したとされる、正確な攻撃ができる有人型V-1飛行爆弾の設計は、1944年6月に最初の無誘導V-1がロンドンに落とされる前から開始されていた。多くのV-1試験機が打ち上げ後まもなく墜落した理由を研究するため、初期の有人型がテストされた。2名のパイロットが負傷し、その後著名な女性パイロット、ハンナ・ライチュがエンジンノイズが機体を振動させて進路を狂わせていたことを確認した。ライヘンベルクIVとも呼ばれる実戦配備型の有人V-1は、日本の人間爆弾「櫻花」とは違って自殺攻撃を意図した武器ではなかったが、現実にはその差はごく小さかったはずだ。爆弾を飛ばすために志願した100名の兵は、公式ではないが「自己犠牲の男」として知られている。KG200特殊部隊が使用するために製造された約70機のライヘンベルクIVが実戦で使われることはなく、開発は1944年10月に中止された。

　そのころには中核となるパイロットの訓練が終了しており、連合軍の艦船に対して使用する攻撃計画も出来上がっていた。目標艦を模した船に色つき発煙弾が高度2000mから投下され、ライヘンベルクのパイロットが煙の雲に向かって接近し、進入角度と速度をテストしていた。急降下角度の指示計が、目標への最終進入時に使用するために開発されている。

## エンジンノイズが機体を振動させて進路を狂わせていた。

名目はともかくとして事実上は自殺攻撃の兵器だったライヘンベルクIVは、非常に勇敢な、あるいは狂信的ともいえるパイロットを任務に使った。関係した人々すべてにとって幸いなことに、ナチスでさえもこれは良い考えではないと判断した。

| データ | |
|---|---|
| **乗員**：1名 | |
| **動力装置**：アルグス・AS 14パルスジェット　推力350kg×1 | |
| **最高速度**：650km/h | |
| **翼幅**：5.72m | |
| **全長**：8.00m | |
| **全高**：1.42m | |
| **重量**：（無人V-1）2150kg | |

# ライヘンベルクIV

## 飛行爆弾「ドイツの神風飛行機」

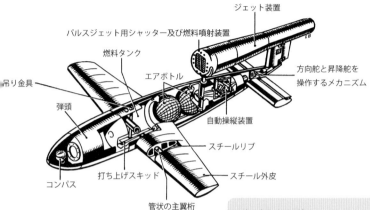

ジェット装置

パルスジェット用シャッター及び燃料噴射装置

燃料タンク

エアボトル

吊り金具

弾頭

方向舵と昇降舵を
操作するメカニズム

自動操縦装置

スチールリブ

打ち上げスキッド

スチール外皮

コンパス

管状の主翼桁

### 自殺任務

ジェット推進の自殺飛行機であるメッサーシュミットMe328も、飛行爆弾と同時期に開発中だった。これも、はじめから大失敗になることがはっきりとしていた。

単純な照星式照準器が目標捕捉を助けることになっており、パイロットは最終的に側面の窓に示された急降下角度を見てから、運を天にまかせることになった。

基本計器のみのライヘンベルクIVは、最小限の訓練で飛ばすことができただろう。コックピットにあるのは4種類の計器だけだった。

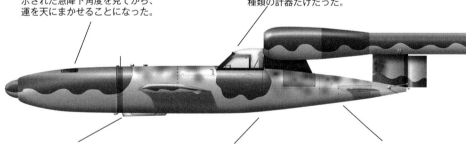

Fi103R-IVの機首には800kgの爆発物が詰められていた。

目標に到達したら、パイロットは正確に狙いをつけて脱出し、どうにかして背後のパルスジェットの吸入口に吸い込まれないようにする。着陸装置はなかった。

有人飛行爆弾は、実戦の場合改良されたハインケルHe111爆撃機で2機1組で運ばれ、投下されることになっていた。

# フィッシャーP-75イーグル

## FISHER P-75 EAGLE

　アメリカ陸軍航空軍（USAAF）のために、高速で長距離、早い上昇率の「非常に高性能」な飛行機を作るために誰かが思いついたのが、いくつかの異なる飛行機の部品をかきあつめて、車両部品メーカーに製造させるという素晴らしい考えだった。自動車メーカー、ゼネラルモーターズの車体部門だったフィッシャー・ボディ・ディビジョンが、カーティス・ウォーホークとダグラス・ドーントレス、ボート・コルセアの部品と、複雑で新しいエンジンを組み合わせてXP-75を作り上げた。

　プロトタイプが飛行するころには、USAAFは迎撃機よりも護衛戦闘機が必要だと考えるようになっており、水滴型風防を持ち、寄せ集め部品を少なくした改良型のXP-75Aを6機、その量産型P-75Aを2500機発注した。出来上がった航空機は偏揺れのために不安定になり、ロール（横転）率が鈍く、さらにひどい失速特性を持っていた。中央に据え付けられたエンジンは期待されていた出力を発揮せず、しかもオーバーヒートしがちだった。

　ありがたいことにP-51Dのほうが目的に適していることが判明し、イーグルはキャンセルされることになった。

### データ

乗員：1名
動力装置：アリソンV-3420-23液冷ピストンエンジン　3885hp×1
最高速度：643km/h
翼幅：15.04m
全長：12.32m
全高：4.72m
重量：最大8260kg

## 偏揺れのため不安定になり、のろのろした横転しかできず、さらにひどい失速を起こした。

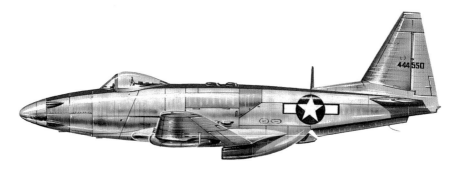

名前はイーグルでも、まるで七面鳥のようなP-75は、多くの部品を他の飛行機から少しずつ集めて作った「寄せ集め」だった。いくら安く上がるとはいえ、これでは戦闘機の設計などできるはずはなかった。

# P-75イーグル「珍妙な混合種」

もともとはP-51の外翼を使う計画だったが、XP-75計画と同じ設計者の設計によるP-40の翼がかわりに使われた。

エンジンは異様に巨大な24気筒タイプで、2基のアリソンV-1710エンジンを共通のシャフトに連結して作られていた。

## フィッシャーの雑種

いろいろな飛行機の部品から新しい飛行機を作るというアイディアは、はじめから失敗する運命だった。できあがった機体はひどい外観で、飛行特性はそれにも増してひどい代物だった。

エンジンはP-39やP-63のようにコックピットのうしろに搭載され、延長したシャフトで二重反転プロペラを動かした。

イーグルの外翼はP-40ウォーホークのもので、着陸装置はF4UコルセアのF4Uコルセアの、尾翼はSBDドーントレスのものをもととしていた。

# フォッケウルフTa-154

## FOCKE-WULF Ta-154 MOSKITO

イギリス空軍の「木製の驚異」デハビランド製モスキートに触発された、フォッケウルフ社のクルト・タンク技師が、イギリス空軍の爆撃機からドイツを防衛する夜間戦闘機という緊急の要求にこたえるために作り上げたのがTa-154だった。当然ながら、デハビランドのモスキートと同じくモスキートとあだ名をつけられたTa-154は、大部分が木材で作られた重武装の複座双発機だった。残念ながら、イギリス空軍爆撃隊がこの飛行機に使う特殊な接着剤の生産工場まで到達したため、製造中の飛行機は安い代替接着剤で組み立てられた。3機が飛行中に空中分解したあと、解決策を探しているあいだは生産が中断された。計画をほとんど知らないヘルマン・ゲーリング元帥が、中断はサボタージュだとタンクを非難し、さらには無関係な墜落が発生したこともあって、1944年8月に計画自体が中止となった。完成した数機に爆発物を積み込んで、アメリカ軍の爆撃機編隊を吹き飛ばそうという計画もそこで終わりになった。

夜間戦闘機として製造された7機のTa-154A-1は、第3夜間戦闘航空団がシュターデにおいて短期間実戦で使用した。残りの飛行機は特殊な役割のために改良された。ミステル爆撃機に転換された6機の生産型Ta-154A-0は、コックピットの空間に火薬が詰め込まれ、親機のFw190戦闘機を乗せるための連結器が取り付けられた。ほかには、30mm砲が8挺という恐ろしいほどの武装をするはずの機もあった。

> ### データ
> **乗員**：2名
> **動力装置**：ユモ211Rピストンエンジン
> 1500hp×2
> **最高速度**：650km/h
> **翼幅**：16.00m
> **全長**：12.10m
> **全高**：3.50m
> **重量**：8930kg

## 3機が飛行中に空中分解した。

飛行中に接着不良という欠点さえ現れなければ、活躍が期待されたTa-154だったが、ごく少数の機体がドイツ空軍に納入されただけだった。

## Ta-154モスキート「戦争のために設計されたキット飛行機」

能力不足の接着剤という問題は、ハインケルHe162戦闘機を製造する計画が持ち上がったときには解決されていた。He162の翼も木製構造だったのだ。

### 縫い目がばらばらに

とても信じられないことだろうが、実際にTa-154の製造には接着剤が使われており、これが墓穴を掘った。予定よりも安物を使わなければならなかったせいで、くっついてくれなかったのだ。

製造された機には、敵の爆撃機迎撃のためにSN-12リヒテンシュタインレーダーアンテナが設置されていた。

武器は前方射撃用の20mm砲2門と30mm砲2門で、斜め上方射撃用の30mm砲1門が後部胴体に装備された。

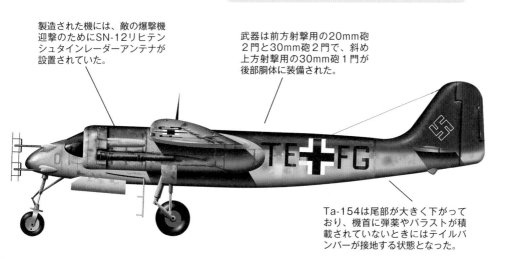

Ta-154は尾部が大きく下がっており、機首に弾薬やバラストが積載されていないときにはテイルバンパーが接地する状態となった。

# フォッカーV8

## FOKKER V8

　五葉機という珍しいカテゴリーの航空機であるV8で驚かされるのは、成功したV6三葉機の何カ月もあとに登場したということである。このV6は、有名なDr.1三葉機のプロトタイプだった。V6と似た面もあったV8だが、並列エンジンを搭載し、前部に3枚、後部に2枚の翼を持っていたことが異なっていた。1917年10月にアントニー・フォッカー自身によるテストが行われたが、衆目の一致するところ、わずかに跳ねただけだった。明らかに改良が必要であり、それが行われた2週間後に新たに短時間の試験飛行が行われた。これがV8の最後の飛行で、

そのあとすぐに廃棄されている。この飛行機を作ったのは、5枚のほうが3枚より劣っていることを証明する賭けをしたからなのか、と思いたくなる。

　この航空機は空力的に不安定で、誰もが想像するように、特に縦揺れを起こすと飛行機は制御できなくなる。アントニー・フォッカーはどうも、自社の著名な設計技師ラインホルト・プラッツの助言と対立する考えに固執してしまったようだ。確かに、「複葉機」の翼を胴体中央に配置したのは革新的ではある。もっともこれは、完璧な失敗だったのだが。

## 賭けをするために作ったのかと思いたくなる。

Dr.1が選ばれたためにV8は放棄された。Dr.1にはV8と類似の特徴が多くあったが、翼の数は少なかった。Dr.1は第1次世界大戦のドイツ戦闘機の代表格となっている。

**データ**
**乗員**：1名
**動力装置**：メルセデスD
Ⅲエンジン　120hp×1
**最高速度**：不明
**翼幅**：不明
**全長**：不明
**全高**：不明
**重量**：不明

# フォッカーV8「主翼が2枚多すぎた」

Dr.1は目的にかなった飛行機に見えるが、V8は明らかに違った。文字通りの間に合わせに見えたのだ。

## 慌てたせいで遅くなる

V8が成功する可能性はほとんどなかった。まるで大急ぎでまとめ上げたように見えるし、テスト飛行でもまさにそうだと示されたのだ。

前の翼は物理的に可能な限り前方に取り付けられ、Dr.1とは違って食い違いは付けられていない。

中央の翼は、パイロットのすぐうしろで胴体上部と下部に固定されていた。両方の上翼に補助翼があった。

尾翼は当時の典型的なデザインで、基本的にDr.1と同じだった。昇降舵付き大型の水平尾翼に全可動式の垂直尾翼が組み合わされていた。

# ゼネラルエアクラフト

## GENERAL AIRCRAFT FLEET SHADOWER

　敵水上艦の夜間追跡という、非常に特殊な役割のために設計されたG.A.L.38は、きわめて奇妙な外観を持つ創造物で、まるでスターリング爆撃機とサンダーランド飛行艇のあいだに生まれた子どものようだった。すべてが木製の構造であるフリートシャドアー（ナイトシャドアーとしても知られる）には、翼幅いっぱいのフラップがあった。このフラップにプロペラ後流があたることによって、空母からの作戦活動のための短距離離着艦や敵の軍艦との距離を保持するための超低速が可能になった。4基の小型エンジンは非常に静かだったため、G.A.L.38は音が聞こえない位置で、うまくいけば砲撃が届かない位置から、ドイツ戦艦を夜間追跡できた。その点ではこの機は初期のステルス飛行機だと言えなくもない。

　エアスピート・カンパニーも、フリートシャドアーと同じ仕様でAS.39を製造していた。両社が製造した2つの飛行機は非常に似通っており、違いはAS.39の主着陸装置がスポンソン（訳注：飛行艇の側面に張り出した短い翼）ではなく支柱に取り付けられているところくらいだった。AS.39は2機のプロトタイプが発注されていたが、G.A.L.38より遅れて1940年10月に1機が飛行しただけだった。この両機を生んだ仕様は、作戦要求OR.52に表記されていた。

## スターリング爆撃機とサンダーランド飛行艇のあいだの子どものようだった。

フリートシャドアーは史上最も目的を特化した飛行機のひとつだった。軍事行動では、重武装の軍艦のあとをエンジンをかたかた動かして夜じゅうついていった。

### データ

| | |
|---|---|
| 乗員 | 3名 |
| 動力装置 | ボブジョイ・ナイアガラ・ピストンエンジン　130hp×4 |
| 最高速度 | 185km/h |
| 翼幅 | 17.02m |
| 全長 | 11.00m |
| 全高 | 3.86m |
| 重量 | 4290kg |

## シャドアー「奇妙な姿の創造物」

夜明けには、ドイツ主力艦が偵察と自衛のために搭載していたアラドAR196水上機のような航空機に対して無防備になった。

### 時代遅れ

シャドアーは新開発技術の犠牲となった。長距離哨戒機に搭載できる効果的なASV（空対水上艦）レーダーの出現で、このような特殊な航空機の必要性が失われたのだ。

２枚のプロペラから供給されるエンジン後流がフルスパン・フラップに吹きつけ、最低速度の63km/hを可能にしたため、水上艦の追跡が可能だった。

独特の３輪着陸装置は単純化するために非格納式で、翼は折りたたみ式だった。

機首にあるガラス張りのコンパートメントには観測員が座り、パイロットのコックピット背後の下には通信士席があった。

# ゼネラルダイナミクスF-111B

## GENERAL DYNAMICS F-111B

　アメリカ軍における軍用機の急激なコスト上昇と、多岐にわたる機種が必要とされたことから、アメリカ国防省は軍用装備の三軍共通性を模索しなければならなくなった。共通性という点での最重要機種となったのはF-111だった。空軍ではF-111A戦闘爆撃機、海軍ではF-111B艦隊防空戦闘機となるはずだったが、ゼネラルダイナミクスは1964年という早い時期に、F-111Bはその要求にはこたえられないだろうと海軍に警告していた。そしてゼネラルダイナミクスの意見は正しかったのである。

　重量増加と空力的な弱点、そしてそのために大幅に狭められた任務達成能力という問題は深刻であり、海軍は1964年にこの計画の完全な再評価をはじめた。1964年2月3日に出た詳細な報告では、容認できる兵器システムに

するためには、実際にはF-111Bを大きく変更することが必要だと、述べられていた。

　性能面では、さまざまな能力が不足していた。海軍の重量制限は2万5000kgだったが、初期テストにおける完全装備のF-111Bは3万5455kgの重量があった。超重量改善計画（SWIP）がまず実施され、さらに皮肉でもなんでもなく、別々の大幅重量向上計画（CWIP）が3つ作られたがじゅうぶんな重量軽減は達成されずに終わった。海軍と空軍のモデルがだんだんと分離していった。テストでは、航空母艦への適合性は最低限であることが明らかになった。議会証言の前に、海軍の将官はこう語っている。「すべての力を尽くしても、キリスト教世界ではこの飛行機を戦闘機にすることはできない」

## 空力的な弱点という深刻な問題を抱えていた。

F-111Bはアメリカ空軍と海軍のニーズがかなり異なっていることを証明する役に立った。この航空機は4億ドル近くの金額を無駄に費やしたあと、1968年にキャンセルされた。

### データ

乗員：2名
動力装置：プラット＆ホイットニーTF30-P-1アフターバーナー付きターボファン　推力8390kg×2
最高速度：2334km/h
翼幅：21.34m（主翼展張時、後退角16°）
全長：20.35m
全高：5.10m
重量：最大39,264kg

# F-111B「1機だけで全軍の任務にこたえる」

はじめからF-111Bに大きな不満があった海軍は、そう公言してマスコミを大喜びさせた。

## 組み合わせて別々に

共通部品を使って空軍と海軍それぞれにふさわしい飛行機を作ろうというアイディアは、理論上では良かったが実際にはうまくいかなかった。F-111がその証明だった。

最初のF-111Bには独立した射出座席が備えられていたが、その後の機にはカプセル式脱出システムが採り入れられた。これで増加した重量はほかの部分で得られた重量削減のほとんどを相殺してしまった。

F-111Bのウェポンシステムとアビオニクス（ヒューズとグラマンが開発）のほとんどがF-14に取り入れられ、最終的には海軍が戦闘機に望んだ要件を満たすことになった。

F-111AとF-111Bは、85%の共通部品を使う予定で、主な違いは主翼の長さと、レーダー、コックピット計器システム、及び機首の着陸装置だった。F-111Bのほうが長い主翼を持っていた。

空母のエレベーターに合わせる必要があったため、F-111Bの機首はF-111Aより短かった。

# グロスター・ミーティア
## GLOSTER METEOR （PRONE PILOT）

　第２次世界大戦後の戦闘用航空機の性能向上により、機動飛行時の乗員はますます大きな加速度やGにさらされることになった。心臓から脳へと血液を送る際の圧力差を減らせばG耐性を上げることができるため、パイロットがうつぶせになると理論的には空中戦で有利になるはずだった。

　提案されていたイギリスのロケット迎撃機へこの概念を採用できるかどうかをテストするため、ミーティアF.8戦闘機の胴体前部が2.39m延ばされ、コックピットが追加された。安全確保のためのパイロットは通常のコックピットにいた。うつぶせになったパイロットは、テストでは実際にやや大きなGに耐えたが、バーティゴ（空間識失調＝姿勢認識を失うこと）に苦しみ、周囲が、特に背後があまり見えず、非常に早く疲労した。パイロットからすれば、視界を制限されるのは、不快なあご受けと同様にこの航空機の特徴のなかで最も嫌いな点だった。

　はっきりとした視界が得られるように透明パネルが床にはめ込まれてはいたが、たえず頭をまわしてまわりを見るというパイロットの本能的な習性を満足させることはできなかった。滑走路がすぐ鼻先にくるような離着陸も、パイロットをまごつかせるものだったらしい。55時間の飛行テストのあと、このアイディアは放棄された。

## パイロットがうつぶせになると
## 理論的には空中戦で有利になるはずだった。

うつぶせの飛行というアイディアはじゅうぶんにうまくいくはずだったが、現実にはパイロットの不快さでこのミーティアは失敗となった。

**データ**
乗員：２名
動力装置：ロールスロイス・ダーウェント8ターボジェット　推力1630kg×２
最高速度：(F.8)962km/h
翼幅：11.32m
全長：15.98m
全高：4.24m
重量：(F.8)積載時7122kg

# （プローンパイロット）

**1954年イギリス**

## ミーティア「Gの力を打ち負かす」

プローンパイロット・ミーティアは1954年2月10日にバギントンから初飛行し、ビッツウェルにあるアームストロングウィットワース試験飛行場に着陸した。

### 問題でうつむきがち

うつぶせ式の飛行により、より良い戦闘能力と細い胴体が得られたが、それによるむずかしさも生んだ。それは不愉快な乗り心地であることが判明し、素早く脱出するという課題も解決されなかった。

方向舵はフットバーに置いてある足首を動かして操作したが、動く方向は通常とは逆だった。操縦桿は2本の短い棒に換えられていた。

長い機首とのバランスを取るために、ミーティアNF.12夜間戦闘機の尾部が取り付けられた。

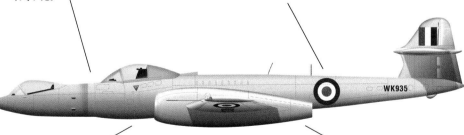

うつぶせのパイロットは、エンジン始動と燃料システム以外のほぼすべての制御ができた。狭い胴体に設けられたのは、当然ながら非常に小さな計器パネルだった。

離陸時や着陸間近の緊急事態には、うつぶせのパイロットがうしろへと滑って脱出ハッチを開ける前に前脚を引き込む必要があった。

# ゼネラルダイナミクス/マクドネルダグラス
## GENERAL DYNAMICS/MCDONNELL DOUGLAS A-12 AVENGER II

ゼネラルダイナミクスとマクドネルダグラスは、A-6イントルーダー全天候型攻撃機の後継として彼らが提案しているステルス機に、初期のグラマン機の名前をつけた。しかし悲しいかな、アベンジャーIIは第2次世界大戦時のTBFのような名機になれる運命ではなかった。アメリカ空軍のF-117Aナイトホークより洗練されたステルス技術を用いることを目的としていたA-12は、レーダー波を拡散するために多面体で構成された表面ではなくなめらかな台形の形状をしていた。この機はF-117より多くの兵装を搭載することができ、空対空戦闘能力があった。

この機はほぼ秘密のうちに適正な監督なしで開発され、1機あたりのコストが1億ドルほどにふくらんだと報告されている。アベンジャーIIは、プロトタイプが初飛行を予定していた数カ月前、湾岸戦争直前の1991年にディック・チェイニー国防長官によってキャンセルされた。海軍の上級将校4名がこの失態のために退役に追い込まれている。海軍は製造業者を訴え、製造業者は海軍を訴え返した。それ以来この件は、法廷内外で争いが続けられることになった。

イラストや模型写真以外のA-12のイメージはほとんど明らかにされていない。20億ドル以上が費やされたのに、ほとんど目に見える結果を生まなかった。しかし結果として、中止直後にこの計画にかかわるすべてが破壊され、ゼネラルダイナミクスとマクドネルダグラスの両社では大量のレイオフを行うことになった。

台形が選ばれるまでに広範囲の航空機設計案が研究されたことは言っておくべきだろう。研究されたデザインには「プレインジェーン」のあだ名のある小型の従来型の機や、「ブッシュワッカー」とも呼ばれる小型の安価な戦闘機、「ミサイリアー」と呼ばれる大型戦闘機、「スニーキーピート」として知られているステルス航空機などがあった。

## 海軍の上級将校4名がこの失態のために退役に追い込まれた。

---

**データ**

**乗員**：2名
**動力装置**：ゼネラルエレクトリックF412-400ターボファン　推力5900kg×2
**最高速度**：933km/h
**翼幅**：21.41m
**全長**：11.35m
**全高**：3.44m
**重量**：不明

---

# A-12アベンジャーII

## アベンジャーII「空飛ぶドードー（絶滅した飛べない鳥）」

### スーパーホーネット

海軍は結局、多くの点でイントルーダーよりも攻撃能力の低い、スーパーホーネットで我慢する羽目となった。イントルーダーは直接の代替機がないまま1996年に引退している。

複合材料の使用は期待された重量削減を実現しなかったため、中止されるまでには望ましい重量より30％以上重かったと考えられている。

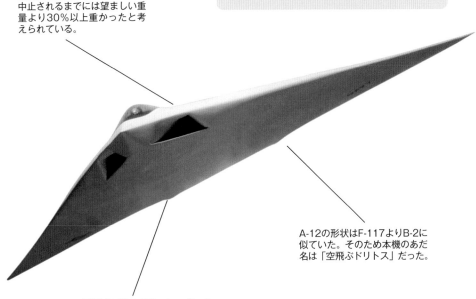

A-12の形状はF-117よりB-2に似ていた。そのため本機のあだ名は「空飛ぶドリトス」だった。

最新式の逆合成開口レーダーを搭載することになっていたが、レーダー開発の遅れが大幅なコスト超過を招いた。

# グッドイヤー・インフラトプレーン
## GOODYEAR INFLATOPLANE

　有名な飛行船とともに、グッドイヤーはボート・コルセアなどの多くの軍用機をライセンスで製造していた。もちろん、彼らがほんとうに製造したかったのはゴム製の航空機であり、そのチャンスを得たのは1950年代だった。アメリカ陸軍は新しいアイディアに耳を傾けており、インフラトプレーン（インフラティバードと呼ばれることも）の開発を援助した。グッドイヤーは「陸軍の戦場での作戦すべてに、なかでも偵察に適している」と主張していた。この飛行機は1.25m³のコンテナに詰めてトラックやジープのトレーラー、または飛行機で運ぶことができた。提案された使用法のひとつは、

コンテナを敵の戦線の背後に投下して、墜落したパイロットが自力で脱出するために利用することだった。単座と複座のモデルが1970年代にかけてテストされたが、注文を受けることはできなかった。

　インフラトプレーンは12機製造された。実用上昇限度3000m、航続距離630kmというかなり楽観的な数字が、GA-468という名称の単座型モデルの性能として発表されていた。航続時間は6時間を超えると言われていた。5分で飛行機がふくらみ、それからパイロットが2サイクルエンジンを手で始動させる。複座モデルの航続距離は440kmだった。

## グッドイヤーがほんとうに製造したかったのはゴム製の飛行機だった。

戦場にいる兵に航空機を運ぶという多くの試みのなかでも、インフラトプレーンは独特の方法だった。何年にもわたるテストでも、弓矢で落とされてしまう飛行機に有効な軍事活用法を見いだすことはできなかった。

### データ

乗員：2名
動力装置：マッカロック
4318ピストンエンジン
60hp×1
最高速度：113km/h
翼幅：8.53m
全長：5.82m
全高：1.22m
重量：積載時336kg

# インフラトプレーン「翼のある手押し車」

理想的な輸送手段として販売促進活動
をしたにもかかわらず、この飛行機に
民間顧客はつかなかった。

## グッドイヤーの
## グッドアイディア

インフラトプレーンは、ゴム製の航空機
（飛行船のような）と普通の航空機を組み
合わせようというグッドイヤーの試みだっ
た。残念ながら、誰もうまい利用法を見つ
けられなかった。

車のタイヤより低い544mbar
（8psi）の圧力で、10分以内
にふくらますことができた。航
続時間は複座式で5時間以上だ
った。

折り畳まれたインフラトプレー
ンは、着陸装置により手押し車
のように動かすことができた。

もともとの単座モデルは40hp
のネルソンエンジンを、複座に
は60hpのマッカロックエンジ
ンを搭載していた。どちらのエ
ンジンも、プロペラを手で回し
て始動させた。

# ハフナー・ロータバギー

## HAFNER ROTABUGGY FLYING JEEP

　イギリス空挺部隊実験施設にいたオーストリア人、ラウル・ハフナーが設計したロータバギーは、陸上輸送に空挺能力を与えようとしたもので、基本的にはジープをオートジャイロに転換したものだった。ホイットレー爆撃機が曳航したロータバギーの初期テストでは、コックピット内を常時ばたばたと動いている制御棒につかまっていなければならないため、パイロットが疲労してしまうことが明らかになった。曳航ケーブルが取り付けられたままの飛行では、ロータバギーが失速しそうになって、ヒヤリとする瞬間が何度かあった。結局曳航機と切り離され、ロータバギーの操縦者が着地させることになった。

　ハフナーの別のアイディアのなかにはバレンタイン戦車を転換したロータタンクがあったが、幸いなことに製図板から先に進むことはなかった。ハフナーはロータシュートも発案しているが、これは降下兵がパラシュートではなくローターをつけて敵地へ降下する方法だった。ロータバギーと同様にこれもテストされ、かなりの成功だったにもかかわらず採用されなかった。ロータバギーについては、あるパイロットの話が伝わっている。そのパイロットはものすごく神経をすり減らす飛行を終えて着陸すると、その疲れから回復するために滑走路横の草の上でしばらく横たわっていなければならなかったそうだ。

## パイロットは、たえずばたばたと動いている 制御棒につかまっていなければならなかった。

ロータバギーのコックピット。おそらく、ロータバギーを戦闘に使う努力と危険性のほうが有用性よりはるかに重要になってしまったのだ。

**データ**
乗員：2名
動力装置：なし
最高速度：241km/h
翼幅・全長：飛行中12.40 m（ローター直径）
全高：不明
重量：1411kg

## ローターバギー「飛べない空飛ぶジープ」

操縦桿が重いせいで、制御は消耗する仕事だった。大型の輸送用グライダーの実用化が、ロータバギーを飛ぶ前から時代遅れにしてしまった。

### もっといいアイディアが……

車両を搭載可能な輸送グライダーの開発は、ジープをより多くの機器（牽引式軽量砲など）と一緒により安全に、より効率的に戦場まで運ぶ方法を提供した。そのためロータバギーが軍で使われることはなかった。

基本のジープの強度は、コンクリートを詰めて高い位置から落としてテストされ、11Gの衝撃に耐えられることがわかった。

ロータバギーは2名乗務で、1名が通常の運転装置を使って地上での運転を行い、もう1名はキャビンの屋根から下がっている棒を使ってローターを制御した。

ロータバギーには、流線型の尾部フェアリングと2枚の方向舵なしの安定板が取り付けられた。のちに、より面積の広い安定板が取り付けられたが、それでもローターのための空間を確保するために横長である必要があった。

追加された装置は、ローター回転計やグライダーから流用された基本的飛行計器数種だった。

# ヒラーVZ-1ポーニー
## HILLER VZ-1 PAWNEE

アメリカの科学者チャールズ・ジンマーマンは、ヘリコプターのローターは機体の下につけてもうまく働くはずだと考えた。デ・ラックナー・エアロサイクルと呼ばれたカバーなしの羽根が回転する恐ろしげな装置が飛んだあとで、ヒラー社はVZ-1ポーニーを製造した。

ポーニーはいわゆる「筋力運動制御」にもとづいて働いていた。つまり、この乗り物の方向と速度はパイロットが身体を動かすことによって制御され

るのだ。本能的な制御方法は、すべての兵士が習得できると考えられていた。より大きくて深いロータダクトのある2番目と3番目のモデルも作られた。3番目のモデルは非常に大型だったために筋力運動制御の効果が薄く、座席と従来型のヘリコプター制御が装備された。これらの機はちゃんと飛行したが、小さすぎるし低速で、有用性と戦闘に使用する実用性が限定的だと陸軍は判断した。

VZ-1のパイロットは、安全ベルトで身体を固定して狭い制御台のすぐうしろにまっすぐ立っていた。つかまっている自転車のようなハンドルには、ひねって使う単純なスロットルとプロペラ回転制御があった。1954年9月に完成した最初のプロトタイプには、YHO-1Eという名称が与えられていた。

## 本能的な制御方法は、すべての兵士が習得可能と考えられていた。

ポーニーの有効な利用法が考え出されることはなかった。ある程度の時間、兵士1名が敵を狙撃できるという考えは幻想にすぎなかった。

---

**データ**
**乗員**：1名
**動力装置**：ネルソンH-56 2気筒ピストンエンジン　40hp×2
**最高速度**：26km/h
**台座直径**：2.50m
**全長**：2.10m
**重量**：無人で167.8kg

# VZ-1ポーニー「制御不能の筋力運動制御」

VZ-1は重すぎ、扱いにくすぎ、機械的にも戦場で使うには脆弱すぎたため、試験計画は1963年に終了した。

## 学んだ教訓

たいして実用的な利用法はなかっただろうが、VZ-1はVTOL（垂直離着陸機）とダクト式のファン動力装置の操作について多くの情報をもたらした。

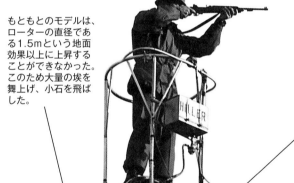

もともとのモデルは、ローターの直径である1.5mという地面効果以上に上昇することができなかった。このため大量の埃を舞上げ、小石を飛ばした。

ベルヌーイの法則を用いたポーニーは、ファンの前縁に当たる空気から60％の揚力を得ていた。残りの揚力はプロペラが直接発生させた。

リング状のファンの上昇効果があるため、VZ-1は転覆しない自己起立性を持ち、非常に安定していた。これは同時に、航行のために進行方向に傾けることを難しくしており、本来出せるべき速度をも減少させていた。

# ヒューズH-4ハーキュリーズ
## HUGHES H-4 HERCULES 'SPRUCE GOOSE'

1942年のこと、有名な造船業者ヘンリー・カイザーと変わり者の大富豪ハワード・ヒューズは、Uボートの脅威を避けて太平洋上を貨物を運ぶために「空飛ぶリバティー船」を作ろうと思いたった。彼らはプロトタイプ製作のために政府から1800万ドルの資金を得た。カイザーはHK-1（ヒューズとカイザーの頭文字を取った名前）を10カ月で作れると考えていたが、1年後になっても設計段階のままだったため、計画から撤退していった。改めてH-4と命名され、非公式には「スプルース・グース」（エゾマツ製のガチョウ、ただし大部分カバノキ製）として知られるようになった巨人機は、結局1946年なかばまで完成しなかった。

ハワード・ヒューズは、H-4のただ1回の飛行を1947年10月に行った。「スプルース・グース」は、約20mの高度で1.5kmをやや越える距離を約1分のあいだ直線飛行した。ヒューズが水上に降ろし、やがて温度が調節された格納庫に鍵をかけてしまい込まれてしまったこの飛行機が再び公にされたのは1980年のことで、ヒューズの死の4年後だった。

1980年にカリフォルニア飛行クラブがハーキュリーズを入手し、カリフォルニア州ロングビーチに展示されているクイーンメリー号に隣接した巨大ドームで展示されることになった。1988年には、ウォルト・ディズニー社がこの両方の展示物を購入している。

## 約1分のあいだ直線飛行をした。

1980年代後半までに製造された航空機では間違いなく最大である「スプルース・グース」は、巨大な白象（高価なヤッカイもの）だった。多大な努力と莫大な経費をかけてこの飛行機を作り上げた投資家が得たものといえば、ロングビーチの港での短い飛行だけだった。

### データ
**乗員**：不明
**動力装置**：プラット＆ホイットニーR-4360空冷星型エンジン　3000hp×8
**最高速度**：推定378km/h
**翼幅**：97.50m
**全長**：66.60m
**全高**：24.10m
**重量**：136,078kg

# スプルース・グース

## スプルース・グース「風変わりな鳥」

他のことはともかく、アントノフAn-124やロッキードC-5ギャラクシーのような現代の巨大輸送機が証明しているように、スプルース・グースは巨大さは飛行の妨げにはならないことを立証した。

### 安息の地

その後、ハーキュリーズは1993年にエバーグリーン航空博物館が購入し、分解されてからはしけで現在の休息地であるオレゴン州マックミンビルへと移された。

スプルース・グースは、主力戦車を運ぶことができるように大戦中に設計された唯一の連合軍側航空機だった。理論的にはH-4のフリートは、時間を節約し、潜水艦の脅威なしに、陸軍をヨーロッパへと輸送できるはずだった。

主構造はスプルース（エゾマツ）ではなく、カバノキの合板材が多用されていた。デュラモールドと呼ばれる樹脂浸透処理された合板素材を使う試みは成功しなかった。

4つの内側エンジンのプロペラには逆ピッチ機能があり、H-4は水上で後退できたし、取り回しも容易だった。それぞれのプロペラの直径は5.2mもあった。

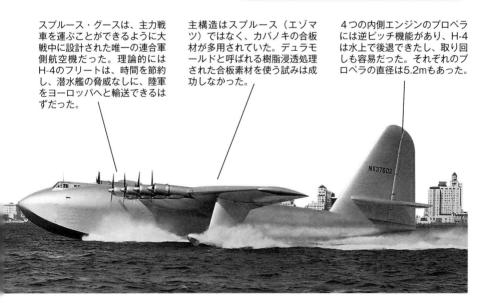

# ヒューズXH-17
## HUGHES XH-17 FLYING CRANE

　もともとXH-17は、先端ジェット動力の巨大なローターシステムのための地上試験台だった。1949年、ヒューズ・エアクラフトがこれを飛行機械に変更する契約を得た。大きな揚力を生む能力を持つ巨大なローターに、竹馬のような脚部と箱状の胴体が取り付けられた。自走できる貨物、例えばレーダーバンなどがこの下に乗り入れ、そのまま持ち上げて運ぶこともできた。戦車も同様の方法で運ぶことが提案されたが、XH-17は作戦用の航空機としてはあまりにも大きすぎ、実用では扱いにくかった。またこの機には、アメリカ陸軍の要求よりもはるかに短い64kmの航続距離しかなかった。ローターの羽根は振動ストレスの影響を受けやすく、XH-17はしばしば飛行停止となった。散発的に実験を行った3年後、1組のローターが設計寿命を迎えたときに、すべての計画が終了した。

　XH-17は実際に1952年10月23日に初飛行を行ったが、方向制御に巨大な力を必要としたため、わずか1分で切り上げられた。いろいろな問題があったが、XH-17は「フライング・クレーン」という考え方は有効だとはっきりさせた——ただし、実用に不適切なほど燃料消費が大きいという問題があったが。パイロットは、この機械のコレクティブピッチ制御、サイクリックピッチ制御がともに驚くほど反応がよいことを発見していたが、方向制御は鈍いと意見を述べていた。

## あまりにも大きすぎ、実用では扱いにくかった。

従来のローター式航空機の2倍の全備重量を持つXH-17は、実用的ではないとしても、実に印象深い航空機だった。

### データ
乗員：2名
動力装置：ゼネラルエレクトリックJ35ターボジェット　推力1800kg×2
巡航速度：97km/h
ローター直径：39.62m
全高：不明
重量：積載時23,587kg

# フライング・クレーン

## フライング・クレーン「印象深いが非実用的」

パイロットが称賛していたのは、XH-17の大きさと重量、さらにエンジンが生み出す力があったにもかかわらずコックピットでの騒音と振動がないことだった。

### 圧倒的な大きさ

XH-17フライング・クレーンの高さと車輪間隔程度ではさほど驚くこともないが、直径40mにもなるローターはまさしく史上最大のものである。

費用を節約するために、ほかの航空機の部品が利用された。コックピットはワコーCG-15グライダーの、前輪はB-25爆撃機の、2重になった主輪はC-54輸送機から、そして燃料タンクはもともとはB-29のものだった。

コックピットに入るには、前脚部の両側につけられた長い梯子を昇らなければならなかった。

ローターシステムは、機体の両側に据え付けられた改良J35ターボジェット1組が生み出すガス噴射によって動かされた。

先端ジェットシステムはトルクが発生しないという特長があった。テイルブームにはH-34から流用された尾部ローターが装備されており、これは方向制御を助けるためのものだったが、ほとんど効き目がないと判断された。

# 国際キ-105おおとり
## KOKUSAI KI-105 OHTORI

　キ-105おおとり（鳳）は、太平洋戦争末期に生まれた絶望的な計画だった。連合軍から港湾と海上輸送に攻撃を受けていた日本には、防衛戦闘機の燃料となる石油資源が枯渇していた。必要な航空機燃料を得る方法として、まだ日本が占領していたスマトラの油田からの燃料輸送に利用しようと、国際ク-7輸送グライダーが動力機へと変更された。この目的のためには2500kmという非常に長い航続距離が必要であり、輸送した燃料に頼っていたキ-105は日本にたどり着くまでに80%の燃料を使用してしまった（さらにスマトラに空荷で到達するため使った燃料もあった）。日本は松の木の油からガソリンを作る製造法を生み出したが、航空機数機のタンクをいっぱいにするために松林を破壊することになった。このように絶望的な状況で、ガソリンをがぶ飲みするキ-105のような空飛ぶタンカーを開発するなど、ほとんど正気の沙汰とは思えない。

　キ-105計画が開始されるというヤケクソのような状況は、すでに減少していた日本の商船隊に対するアメリカ海軍の潜水艦攻撃がさらに効果をあげつつあったことを示している。アメリカの潜水艦は、オランダ領西インド諸島の石油精製所から日本へと向かう石油タンカーを次から次へと台湾海峡の海底に沈めていた。自己の石油資源を持たなかったことが、日本が戦争へと向かった最大の名目だった。

## ガソリンをがぶ飲みする空飛ぶ燃料運搬車だった。

キ-105は、この写真のク-7まなづる輸送グライダー（1944年完成）から開発された。まなづるは32名の兵もしくは戦車1台を運ぶことができたが、戦争に利用するためには登場が遅すぎた。

### データ
**乗員**：2名
**動力装置**：三菱ハ-26-II 空冷星型ピストンエンジン　940hp×2
**最高速度**：220km/h
**全幅**：35.00m
**全長**：19.92m
**全高**：5.56m
**重量**：最大12,500kg

# キ-105おおとり「日本の飲んだくれ」

動力つきのキ-105は1945年4月まで登場しなかった。9機のプロトタイプがテストされたが、予定されていた最大300機のおおとり生産は実現しないままで戦争が終わった。

## ガンダー

実際には、実戦で使用された日本軍の輸送グライダーは国際のク-8のみで、これは連合軍にはGander（ガチョウの雄、マヌケの意もある）というコードネームで知られていた。

キ-105には詳細がわからない部分があり、燃料をどのようにして運び、飛行中にどのようにして機内タンク間を移送したのかは不明である。

キ-105には連合軍がBuzzard（ハゲタカ）というコードネームをつけた。だが戦争が終わる前にパイロットたちがこの航空機を目撃していたことなどなかったかもしれない。

キ-105の着陸装置は、4輪の非格納式主輪と1本の前輪で構成されていた。この着陸装置のおかげで水平の床が得られ、重い荷物あるいは燃料を積載する際に役立った。

石油を満載した大型で鈍足のおおとりは、スマトラから日本への航路上で、連行軍機にとっての簡単なカモになったに違いない。

# リアアビア・リアファン2100

## LEARAVIA LEARFAN 2100

　リアファンをめぐる話は込み入っている。ウィリアム（ビル）P・リアが、ビジネスジェット機とほぼ同じ性能だが推進型プロペラを持つ、より安価な代替機として設計したリアファンは、従来の金属構造ではなく複合素材の構造（カーボンファイバー）による最初のビジネス機だった。残念ながらこの機は、1970年代後半の米連邦航空局にとってはいくぶん急進的で、局は何度もリアファンの耐空証明交付を拒絶している。ビル・リアが1978年に死亡したあとは未亡人が計画を引き継ぎ、1981年に最初の３機のプロトタイプが飛行することになった。２基のPT6ターボプロップで１本のドライブシャフトを駆動するためのギアボックスの問題や、新しい複合素材の構造が製造コストを増大させるという問題があり、一時は130機もの注文とオプションを得ていたにもかかわらず、この会社は５億ドルにも達しそうな負債を抱えて1984年に倒産した。

　この時期に出現したほかの航空機と同様に、リアファンはビジネス機市場の興味をひくにはあまりにも急進的だったし、あまりにも従来の飛行機とは違いすぎていた。特に当時の市場では、同じビル・リアが以前に設計した従来型のリアジェット・ファミリーの人気が高く、売れ行きも良好だった。リアジェットはこのクラスのベストセラー航空機でありつづけたが、この会社の歴史も波乱に富んでいて、現在はボンバルディア・エアロスペース社（カナダ）が所有している。

## リアファンはあまりにも急進的だったし、あまりにも従来の飛行機とは異なっていた。

リアファンにはそれなりの技術的な問題を抱えてはいたが、真の苦しみはFAA当局の偏見と資本不足だった。

### データ

**乗員**：２名、乗客8名
**動力装置**：プラット＆ホイットニーPT6B-35Fターボプロップ　650shp×2
**最高速度**：684km/h
**翼幅**：11.99m
**全長**：12.50m
**全高**：3.70m
**重量**：最大離陸重量3334kg

# リアファン2100「急進的な失敗」

イラク空軍が高官輸送タイプの航空機をすでに多数所有していたのにもかかわらず、イラク軍部がリアファンを欲しがった正確な理由は今もって謎のままである。

## イラクの選択

リアファンを製造したことのないアイルランドの工場を、イラクのトンネル会社が軍事目的で買おうとした。誰もその理由は正確にはわからない！

リアファンはほぼ全体がグラファイト／エポキシ樹脂とケブラー複合素材で作られており、これらの素材を大々的に利用した最初の航空機のひとつだった。

リアファンは複合素材という新しい素材の強度を最大限利用しているのに、あまりにも従来型の航空機のような設計をしすぎたと言う批評家もいる。

プロペラを後部に配置することで抗力を減少させ、速度をジェット機に近づけることができた。

未完成のリアファン数機はNASAが合成素材の構造をテストするために使われ、制御された墜落実験のために塔から落とされた。

1980年末という締め切りに間に合わせるために、リアファンの初飛行は公式に「12月32日」と記録されている。

# マーティンP6Mシーマスター

**MARTIN P6M SEAMASTER**

アメリカ海軍は1940年代後半に、当時保有していた攻撃機と水上機の能力が限定的だったことから、将来アメリカ空軍に戦略的（核の）役割を一手に握られかねないということを憂慮していた。そこで「水上機攻撃軍」という概念が生まれた。R3Y輸送機とF2Y戦闘機に追加されるのは、ジェット核爆撃飛行艇の予定だった。マーティンの提案した設計案が1951年に選ばれ、P6Mシーマスターと命名された。プロトタイプは1955年7月に初飛行し、12月に謎めいた状況の中で失われた。1959年まで製造機の納入が行われず、上昇するコストのために予定された機体数は24機から18機となり、やがて8機となった。

P6Mの実現までに非常に長い時間がかかったため、原子力空母やポラリスミサイル搭載潜水艦などの開発が優先されることになった。海軍は「予見できない技術的困難」があるとして、シーマスターがちょうど就役しようとしたときにキャンセルしてしまった。シーマスターをテストした際に、無数の技術的な問題が明らかになっていたのだ。艇体にある回転式のウェポンベイ（兵器倉）ドアからの浸水は、のちに解決されたとはいえ、欠陥のひとつだった。そして計画のコストは、もともとの見積もりの3倍に達していた。基本的には、シーマスターの最大の欠点は進歩的すぎる概念だったが、実際の運用にあたっての欠点は、かなりの兵站支援が必要になるということだった。この後航空機メーカーの老舗だったマーティンは航空機の製造をあきらめ、そのかわりにミサイルに専念することに決めた。

## 海軍は、シーマスターがちょうど就役しようとしたときにキャンセルしてしまった。

急激に技術的変革が起こる時代に設計されたP6Mは、就役できるようになったときには時代遅れになっていた。合計で16機が製造されたが、そのうちの8機は試験モデルだった。

### データ

乗員：4名
動力装置：アリソンJ71-A-4アフターバーナー付きターボジェット
推力5900kg×4
最高速度：965km/h
翼幅：31.27m
全長：40.54m
全高：9.75m
重量：積載時72,640kg

# P6Mシーマスター「海の主でも空の主でもない」

当初のエンジン排気位置が後部胴体にストレスを与え、構造的なダメージが生じた。排気の角度は試験のあとで調整された。

## 棺桶に釘を打つ

シーマスターはマーティン社の名前で設計された最後の航空機となった。シーマスターの終焉は、アメリカにおける戦闘用飛行艇開発にとって棺桶に釘を打つようなものだった。

コックピットの透明部分は、あとのモデルでは頭上と側面のより良い視界が得られるように修正された。

射出座席が取り付けられたのは2番目以降の機体だった。2番目のシーマスターがピッチアップして宙返りし、ばらばらになったとき、射出座席の有用性が証明された。

水しぶきから機を守るために吸気口は翼の上に取り付けられた。

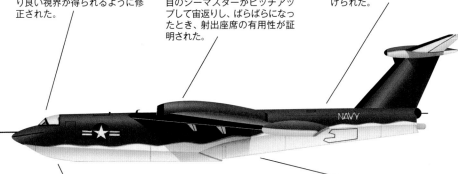

陸揚げ用のクレードルを使って、シーマスターは自力で水から上がったり入ったりできた。

P6Mには回転式の爆弾倉ドア（マーティンがライセンス生産したキャンベラやXB-51に使われたような）があった。このため、従来の爆弾倉ドアが生じた抗力なしで高速で武器の投下ができた。

# マクドネルXF-85ゴブリン
## MCDONNELL　XF-85 GOBLIN

XF-85ゴブリンの目的は重爆撃機に戦闘機の護衛をつけることで、1930年代にアメリカの飛行船やソ連の爆撃機によって行われた、さまざまな「パラサイト（寄生）戦闘機」実験の延長線上にあった。ゴブリンの設計そのものはB-36の爆弾倉という制約のなかで行われた結果、従来の戦闘機の性能に及ばなかった。

（4挺の機関銃で）敵を撃退して戻ってきたゴブリンは、再び爆撃機のトラピーズ（空中ブランコ）にぶらさがることになっていた。B-29を使用したテストプログラムでは、爆撃機の下の乱気流のせいでぶら下がるのが非常に難しく、3回しか成功しなかった。別の飛行では吊り下げ器具が操縦席の

キャノピーを壊し、パイロットのヘルメットを吹っ飛ばした。実験は放棄されたが、のちに改良されたF-84がB-36の下に吊られて飛行している。

B-36はRF-84F偵察戦闘機を運ぶために使えるというアイディアもあった。RF-84FはB-36の基地から最大4500km進出し、敵国の領空外から高度7625mで発進する。それから高速で目標に向かってダッシュをかけてから、親機によって回収されるというものだった。気違いじみた冷戦時代に生まれた、やぶれかぶれのアイディアだ。この航空機の性能と兵器では、作戦行動中に遭遇するであろうMiG戦闘機とわたりあうのは無理な話だった。

## 従来の戦闘機の性能に及ばなかった。

XF-85は改造されたB-29の下でテストされただけで、B-36の下で飛ぶことはなかった。

| データ | |
|---|---|
| 乗員 | 1名 |
| 動力装置 | ウェスティングハウスXJ34ターボジェット　推力1360kg×1 |
| 最高速度 | 1066km/h |
| 全幅 | 6.44m |
| 全長 | 4.95m |
| 全高 | 2.51m |
| 重量 | 2063kg |

# XF-85ゴブリン「やぶれかぶれのアイディア」

最初のXF-85はサンタアナのオレンジ郡空港にある航空博物館に、2機目はライトパターソン空軍基地の空軍博物館に展示されている。

## ドッキングの問題

試験で明らかになったのは、ゴブリンは想定された任務を行えないということだった。敵機に対処したあと、乱気流のために機体を爆撃機の器具にひっかけることができなかったのだ。

安定板は先端近くで上に曲がっていたので、B-29の狭い爆弾倉にも入った。爆撃機に積み込むために翼は折り畳まれた。

コックピットの前に大きな収納式フックがあり、飛行中のXF-85が母機の下に入って機体をひっかけ、回収することになっていた。

運搬航空機の下から発着する予定だったゴブリンにはスキッド着陸装置しかなく、乾いた湖のような表面に着地する必要があった。

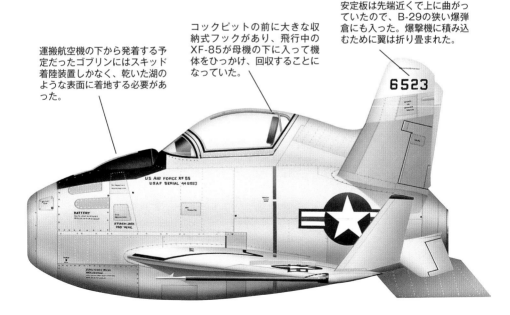

# 三菱F-2
## MITSUBISHI F-2

　日本の航空自衛隊が、海上攻撃（もしくは対上陸用艦艇攻撃）任務を果たしてきた三菱F-1の代替機を探しはじめたのは1982年だった。F/A-18は高価すぎるとして退けられ、トーネードは複数の外国と対応しなければならないという懸念で候補からはずれた。航空自衛隊はすべてが新しい設計を研究し、費用と時間という理由で排除したあとの1987年に、FS-XのちにF-2という記号名を持つことになるF-16C/D発展型の開発を発表した。

　F-16を完全に作り直すには費用がかかることと、生産施設が重複するせいで、コスト削減は無理だった。新しい複合素材製の主翼は最大積載時にクラックを生じ、遅れの一因となった。最大200機のF-2という要求は130機に減少したが、開発の問題と予算承認の遅れから、生産は経済的に見合う最小数である１年に８機より下に落ち込み、2004年には85機で納入を中止する決定がなされた。

　F-2計画は、はじめから議論の的だった。特に議論が激しかったのは、必要となるさまざまな品目のライセンス料という形で、アメリカ企業に多くの資金が渡っている疑いが表面化したときだった。F-2は1995年10月７日に初飛行を行った。最終的に完成したのはほぼF-15イーグルと同じ重量の航空機だったが、エンジンは１基しかなかった。

> **データ**
> **乗員**：１名
> **動力装置**：ゼネラルエレクトリックF110-GE-129ターボファン　推力13,430kg×１
> **最高速度**：2174km/h
> **翼幅**：11.13m
> **全長**：15.52m
> **全高**：4.96m
> **重量**：最大22,100kg

## 計画ははじめから議論の的だった。

１機につき推定１億ドルという費用をかけながら、日本が手にしたのはF-16Cブロック52より性能が劣る戦闘機だった。

# 三菱F-2「議論を呼んだ航空機」

アメリカから圧力を受けながら、日本は数倍もの費用をかけてF-16の派生型を開発した。

## バイパーゼロ

F-2は日本の航空自衛隊では「バイパーゼロ」というニックネームがついている。この名前はF-16の非公式名称と第2次世界大戦時のA6M零式戦闘機の名前の組み合わせだ。

外見はF-16ときわめて似ているが、F-2には日本で設計したより大型の翼と、より多くの武器パイロンを備える。胴体はやや長く、キャノピーはウインドシールドが別になった3ピースタイプである。

生産は日本とアメリカの会社が行った。富士重工業が右翼を製造し、ロッキード・マーティンが左翼を製造した。川崎重工業は機体中央を製造し、三菱重工業が全体を組み立てた。

F-2はエンジンや射出座席、砲、着陸装置などの多くの部品でF-16と同じものを使った。レーダーとコックピット表示部、航空電子機器の多くは、日本の設計だった。

1998年から1999年にかけて発見された深刻な問題は、合成素材の翼が重量のある兵装を積載したときにクラックの兆候を示しはじめたことだった。このために翼端とパイロン取り付けが再設計され、計画に9カ月の遅れが生じた。このような問題と生産設備の重複、さらに輸出の可能性がまったくなかったことで、1機あたりのコストは1億ドルにものぼった。

# ミャシーシチェフM-50

## MYASISHCHEV M-50 'BOUNDER'

ソ連の戦略部隊に主力爆撃機を提供するのが目的で開発されたM-50バウンダーも、ミャシーシチェフ設計局のもうひとつの失敗作だった。ただハードウェアを作る段階までいったのはまだマシなほうだといえる。予定していたズベッツ・エンジンの開発遅れで、かわりに低出力のソロヴィヨフD-15を搭載した「超音速」M-50は、マッハ0.99しか達成できなかった。しかしソ連は飛行テストにもとづいて、「原子力エンジンを持ち、無限の航続距離を持つ戦略爆撃機が設計された」と西側諸国を納得させようとした。M-50について最もよく聞かれる意見は、「高速飛行の問題への理解が恥ずかしいほど欠如していることを露呈した飛び抜けた失敗作」というものだ。

1960年、イギリスの国防大臣に続いて、ソビエト共産党書記長フルシチョフが、ミサイルと宇宙船が有人戦闘用航空機に取って代わるだろうと宣言した。新たな航空機の研究は中断され、ミャシーシチェフ設計局は解散した。1972年になって、スホーイ設計局がチタンとステンレスで建造された爆撃機のプロトタイプであるT-4を飛ばしたとき、超音速爆撃機の概念への興味が一時的に復活した。この機はバックアップに機械システムを持つ、フライ・バイ・ワイヤーの制御システムを特徴としていた。さらにふたつのプロトタイプの製造がはじまったが、結局完成しなかった。

## 高速飛行の問題への理解が恥ずかしいほど欠如していることを露呈した。

表面的には高性能の航空機であったが、M-50の設計には超音速巡航飛行に必要な多くの緻密な考察が欠けていた。

### データ

乗員：2名
動力装置：VD-7ターボジェット　推力14,000kg×4
最高速度：1500km/h
翼幅：37.00m
全長：57.00m
全高：12.00m
重量：最大200,000kg

# バウンダー

## M-50バウンダー：飛び抜けた失敗

M-50は1000kmの射程を持つ
M-61スタンドオフ空対地ミサイ
ルの搭載を目的としていた。

### 爆撃機の最後の幕

M-50は弾道ミサイルや空中スタンドオフ兵
器が出現しはじめた時期に登場し、爆撃機の
時代は終わったという考えの犠牲となった。

断面積法則効果を得るために
「くびれた」胴体にする原則は
1955年には広く知られるよう
になっていたが、M-50に応用
されることはなく、再び高い抗
力を生み出すことになった。

XB-70とほぼ正確に同じ長さ
のM-50は翼幅がやや長かった
が、翼面積は半分以下だった。

西側の専門家は、50度の後退
角の翼と高翼面加重を組み合わ
せるのはまずい選択だと考えて
いた。翼は一般的に小さすぎる
と考えられていた。

翼端エンジンの位置が抗力を生
んだ大きな要因だった。翼にエ
ンジンを取り付けるパイロンは、
公開されるたびに大きく改良さ
れていた。

バウンダーは最大2万kgまでの
兵装を搭載することを目的とし
ていた。

# ノースアメリカンXB-70A

## NORTH AMERICAN XB-70A VALKYRIE

1958年に開始されたXB-70プロジェクトは、マッハ3の戦略爆撃機を作ろうという壮大な野望だった。計画は主として政治的な理由から止まっては進んだが、最終的には研究用航空機として使用する2機のプロトタイプへと縮小されてしまった。最初のプロトタイプは腐食が発見されたときに作り直しが必要となり、2機目は燃料漏れで完成が遅れた。このため初飛行が行われたのは1964年9月になってからだった。マッハ3などの画期的な高性能を達成したXB-70だが、1966年6月8日のフォトセッションは大失敗だった。F-104スターファイターが、XB-70の2号機と空中衝突してしまったのだ。XB-70の乗員ひとりとF-104のパイロットが死亡した。この事故のあと、残りの機は2年半ほど飛行試験に使われたあとでアメリカ空軍博物館へと移された。ふたつのプロトタイプ開発のコストは15億ドル、もしくは飛行機の重量の金の価格と同じだと推計されていた。

XB-70計画のきっかけは、1954年10月、当時のアメリカ戦略空軍司令官だったカーティス・ルメイ将軍が、国防省に対してB-52ストラトフォートレスの後継機を正式に要請したことにはじまる。要求は最短でも1万1100kmの無給油航続距離を持つ、可能な限り高速の航空機だった。ウェポンシステムWS-110Aとして知られている契約では、当初マッハ0,9の巡航速度（後にマッハ3巡航に変更）と目標の1850km手前の地点からの超音速突入能力が指定されていた。そしてこの契約は1958年にノースアメリカンに与えられたのである。

## 計画は主として政治的な理由から止まっては進んだ。

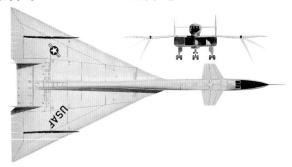

バルキリーは政治の犠牲となり、わずか2機のプロトタイプが作られただけだった。

### データ

**乗員**：4名
**動力装置**：ゼネラルエレクトリックYJ93-GE-3アフターバーナー付きターボジェット　推力13,600kg×6
**最高速度**：マッハ3.0
**翼幅**：32.05m
**全長**：56.69m（ピトー管のぞく）
**全高**：9.38m
**重量**：最大246,365kg

# バルキリー

## XB-70Aバルキリー「重さだけの金の価値」

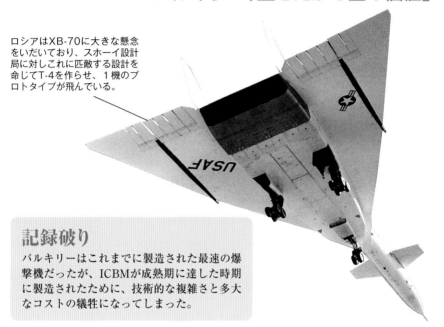

ロシアはXB-70に大きな懸念をいだいており、スホーイ設計局に対しこれに匹敵する設計を命じてT-4を作らせ、1機のプロトタイプが飛んでいる。

### 記録破り

バルキリーはこれまでに製造された最速の爆撃機だったが、ICBMが成熟期に達した時期に製造されたために、技術的な複雑さと多大なコストの犠牲になってしまった。

胴体下の衝撃波をとらえて揚力に変えるバルキリーのデザインは「圧縮揚力」(コンプレッション・リフト)を作りだし、高度2万4320mでの超音速巡航を可能にした。

ノースアメリカンの広報資料によると、アメリカ西部を離陸したB-70は、中国から台湾への侵略艦隊が海峡の半分まで到達する前に迎撃することができたという。バルキリーは迎撃機ではなかったし、またいかなる対艦攻撃能力もなかった。

緊急時には、乗員座席は個別の脱出カプセルに囲まれるようになっていた。XB-70がF-104と衝突したとき、正しく作動したカプセルはひとつだけだった。

XB-70の大部分が新タイプのステンレスで作られた。使用された金属の異なる性質が電解的な腐食を引き起こした。

# ノースロップXP-79B

## NORTHROP XP-79B

XP-79Aは、機関砲で武装したロケット動力迎撃機という、非常に野心的なプロジェクトとしてはじまった。だがロケットエンジンの開発遅れからジェットエンジン双発としたXP-79B計画が優先されることになった。このXP-79Bは、強固なマグネシウムの構造により敵爆撃機に体当たりすることを目的として設計された。こうしたアイディアは、崖っぷちのナチスドイツや日本軍にとっては価値があったかもしれない。だが、連合軍の戦況が好転しはじめたあとでアメリカで生まれたため、この絶望的な手段の必要性はなきに等しかったのである。XP-79Bは戦争終結までに飛ぶことはなく、その後もただ1回飛行しただけだった。XP-79Bは消防車と衝突しそうになって離陸した後、数分間は良好に飛行したが、2440mからきりもみ降下して高速で墜落し、テストパイロットのハリー・クロスビーが死亡した。ひきつづきロケット動力つきのXP-79Aを作る計画もキャンセルされたが、急進性のいくぶん低いノースロップの開発機、MX-324がアメリカ初のロケット航空機となった。

XP-79Bは災難のようなものだった。しかしこれは、ノースロップに全翼機設計の良い経験を与えてくれた。ノースロップは多くの失敗作を実験しながらも、戦争中ずっと全翼機という概念にこだわり、巨大なXB-35全翼爆撃機やそのジェット動力版であるYB-49を製造している。やがて、ノースロップの全翼機技術の専門技術が、現在の「ステルス」爆撃機B-2スピリットへとつながっていった。ジャック・ノースロップの夢が最終的に正しかったことが、はっきりと証明されたのである。

## この航空機は戦争終結までに飛ぶことはなく
## その後もただ1回飛行しただけだった。

XP-79Bが製造されたときには、高速の体当たり迎撃機の必要性はなくなっていた。

### データ

乗員：1名
動力装置：ウェスティングハウス19B（J30）ターボジェット　推力520kg×2
最高速度：不明
翼幅：11.58m
全長：4.27m
全高：2.29m
重量：自重2649km

# ノースロップXP-79B「バンパー飛行機」

352437

アメリカの最初のジェット航空機のひとつであるXP-79Bは、これまでで最も短く、最も鮮烈な飛行歴を持っている。

うつぶせ姿勢で横たわっているXP-79Bのパイロットは、理論的には20Gまでの耐性があった。翼の前縁で敵の航空機にぶつかることになっていたが、プラスチックのキャノピーのなかに入って敵の爆撃機に正面から体当たりする志願者を見つけるのは、たぶん難しかったことだろう。

## 神風コンセプト

意図的にほかの航空機と衝突するように設計された航空機を作るというコンセプトはきわめて異常で、ほかの設計哲学とはまったく相容れないものであった。

XP-79Bの構造はほとんどがマグネシウムで、ノースロップが特許を持つヘリアーク溶接を使って組み立てられた。

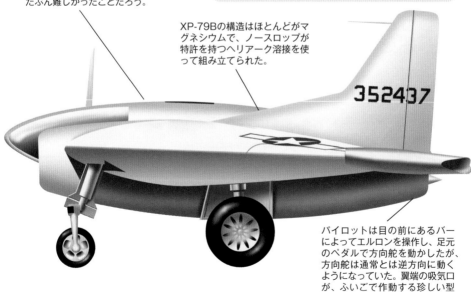

352437

パイロットは目の前にあるバーによってエルロンを操作し、足元のペダルで方向舵を動かしたが、方向舵は通常とは逆方向に動くようになっていた。翼端の吸気口が、ふいごで作動する珍しい型式の補助翼に空気を供給した。

# ペンバートン・ビリング

## PEMBERTON BILLING (SUPERMARINE) NIGHTHAWK

　率直にものを言う航空機製造業者であり、一時は国会議員でもあったノエル・ペンバートン・ビリングは、何機かの失敗戦闘機を海軍本部のために製造した。四葉機のP.B.29E対ツェッペリン戦闘機はかなり早く墜落してしまったが、その設計はより大型のP.B.31Eナイトホークの基本となった。ナイトホークのコンセプトは、きわめて長い航続時間（最大18時間）で一晩中飛行船を待ちかまえ、サーチライトを使って探知し、それからデービス1.5ポンド無反動砲と2挺の機関銃で片付けるというものだった。デービス砲の砲手は翼や支柱、ワイヤーが積み重なった上部に位置しており、そこからは悠々と遠くを動いているツェッペリン飛行船をはっきりと見ることができた──もしナイトホークが就役していればだが。

　製造会社のペンバートン・ビリング・カンパニーは、ナイトホークが完成する前にスーパーマリン・アビエーション・ワークスとして再構成され、最後の生産はヒューバート・スコット・ペインの指示で行われた。ノエル・ペンバートン・ビリングは、それからも航空機や飛行についての非正統的な概念を追求し、地上接近時に使用する機械的な高度計を発明したりしている。この高度計はのちに、ファーンボロにあるロイヤル・エアクラフト・エスタブリッシュメント（RAE）が復活させて発展させている。

## きわめて長い航続時間を利用して一晩中飛行船を待ちかまえることになっていた。

不格好なナイトホークは、イギリスが直面していた「ツェッペリンの脅威」を打破するさまざまな奇抜な試みのひとつだった。

| データ | |
|---|---|
| 乗員：3名 | |
| 動力装置：アンザニ空冷星型エンジン　100hp×2 | |
| 最高速度：121km/h | |
| 翼幅：18.29m | |
| 全長：11.24m | |
| 全高：5.40m | |
| 重量：積載時2788kg | |

# （スーパーマリン）ナイトホーク

1917年イギリス

## ナイトホーク「長時間飛行ができなかった長航続性能機」

ナイトホークは馬力不足だった
ものの、わずか時速56kmとい
う着陸速度は、夜間運用には非
常に有用な特性だった。

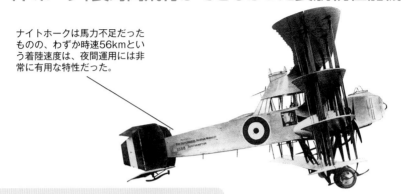

### ツェッペリンの脅威

長航続時間の常時哨戒という考え方は良かっ
たが、ナイトホークには完全武装したツェッ
ペリンと交戦するだけの能力がなく、実際の
任務につくことはなかった。

不釣り合いに大きな方向舵は2
枚の水平尾翼のあいだに取り付
けられていた。おそらく後方に広
い射界を得るためであったろう。

P.B.31Eの機首先端には、夜
間ツェッペリンを見つけるため
のサーチライトが収納されてい
た。現実的には、飛行船の船長
がサーチライトに気づいて大急
ぎで逃げ出すだけだっただろう。

ナイトホークのほとんどの写真
でははっきりしないが、コードの
狭い（細長い）4枚の主翼の外
翼部にはかなりの後退角がつけ
られている。

# PZLミェレツ M-15ベルフェゴル
## PZL-MIELEC M-15 BELPHEGOR

　農薬の空中散布をしていた1940年代のアントノフAn-2に交替させるため、PZLミェレツはベルフェゴルという史上最も奇妙な航空機を考え出した。おそらくこれは、世界でただひとつ生産されたジェット複葉機だろう。最終版のベルフェゴルが飛行する前には、ジェットエンジンを低速の複葉機に取り付けるという概念が、ララ1（ラタヤーツェ・ラボラトリウム1つまり空飛ぶ研究室1）という研究用飛行機でテストされていた。1972年2月10日に飛行したこの飛行機は、An-2の前部胴体と主翼に、ジェットエンジン1基を据え付けた後部フレームが組み合わされて作られていた。

　1973年に飛行したベルフェゴルには1979年まで耐空証明が与えられなかっ

た。3000機にものぼる需要があると予測されていたが、ある批評家によると「低い工作精度や無数の設計欠陥、高い燃料消費」によって事実上計画がつぶれたという。生産は1981年に終了し、175機が作られただけだった。ソ連の農薬散布は、利益を見こまずに完全に国家予算で行われていた。しかし西側では、農業用航空機は一般的に低コストと高効果、高い環境基準にのっとり、高い頻度での運行に耐えられるように設計されていた。このような西側の基準は、ベルフェゴルにはまったく適用されていなかった。憶測では、ワルシャワ条約機構軍による西ヨーロッパ侵攻作戦時に、前線に化学兵器を散布するという2番目の役割があったのではと言われている。

## 低い工作精度や無数の設計欠陥、高い燃料消費。

M-15は世界で唯一生産されたジェット複葉機だった。いやむしろ、生産されていたらそうなっていたと言うべきだろうか。

### データ
**乗員**：1—2名
**動力装置**：AI-25ターボファン 1500kg×1
**最高速度**：180km/h
**翼幅**：22.40m
**全長**：12.72m
**全高**：5.20m
**重量**：総重量5650kg

# ベルフェゴル「史上最も奇妙な航空機のひとつ」

いくぶんくたびれたプロトタイプのベルフェゴルが、モスクワのモニノ航空博物館の野外に展示されている。

## ジェットのAn-2

M-15はほとんど「ジェットのAn-2」と言っていいが、ピストンエンジン複葉機の多用途性はなかった。少しはあった利点も認められず、ポーランドではAn-2の生産が続いた。

上の翼にはさまざまな高揚力装置が装備され、下の翼には粒状あるいは液状の薬品を散布するノズルがついている。

薬品ホッパーは翼間の大きな支柱におさめられていた。固定着陸装置もそうだが、これも多くの抗力を生じ、燃料消費を加速した。

キャビンには通常は1名もしくは2名の整備士が乗っていたが、運搬目的の場合は最大21名の乗客を乗せることができた。乗客は農業従事者であったかもしれないし、特別部隊の隊員だったかもしれない。

# ロックウェルXFV-12A

## ROCKWELL XFV-12A

　1972年にアメリカ海軍は、シー・コントロール・シップ（制海艦）として提案されていた小型航空母艦上で利用するために、AV-8Vハリアーの後継機プログラムを開始した。ロックウェルが設計したXFV-12Aは、一部をほかの航空機、主としてA-4スカイホークとF-4ファントムから流用したコンポーネンツで構成されていた。エンジンはF-14Bトムキャットの試験での残りだったかもしれない。このエンジンの推力は主翼とカナード（前翼）下面にあるベネシァン・ブラインドのようなスリットを通って排出され、垂直方向の揚力を与えた。研究室のテストでは、垂直離陸に通常必要とされる55％推力より低い25％でじゅうぶんとされていたが、実際には機体重量の75％しか上昇させられないことが判明した。

ロックウェルは、今もこの過去の不名誉な出来事に触れたがらない。

　しかしロックウェルXFV-12Aが、この時代の唯一の垂直／短距離離着陸機の失敗例というわけではない。マクドネル・ダグラス／ブリティッシュエアロスペースがアメリカ海兵隊のために開発したAV-8Bハリヤー II は、少なくとも部分的には、1974年の米英共同プログラムとして立案されながら失敗したAV-16計画の影響を受けている。このプログラムは、推力2万4500lb（1万1100kg）のペガサス15ベクタードスラストエンジンを動力とする、超音速VTOL機の開発を目的としていたが、予想開発費用の超過が噂では10億ドルにもなったことが計画の失敗へとつながり、かわりにより安価なAV-8Bが採用されることになったのだ。

## ロックウェルは、この過去の不名誉な出来事に触れたがらない。

上昇した費用のために、XFV-12Aはプロトタイプ1機が完成しただけで、飛行することもなかったようだ。

### データ

乗員：1名
動力装置：プラット＆ホイットニーF401-PW-400ターボファン推力13,600kg×1
最高速度：（推定）マッハ2以上
翼幅：8.69m
全長：13.35m
全高：3.15m
重量：11,000kg

# XFV-12A「ロックウェルの恥」

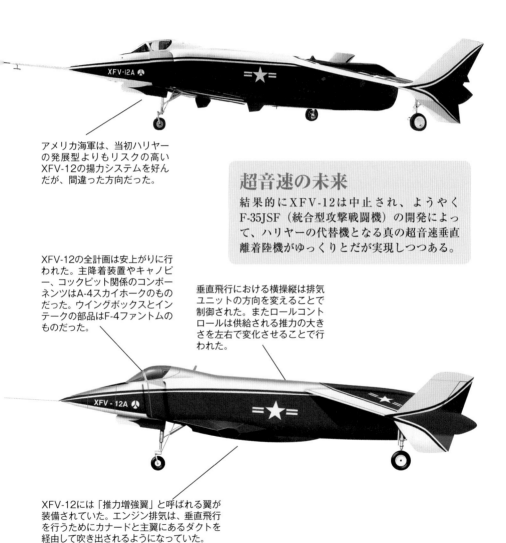

アメリカ海軍は、当初ハリヤーの発展型よりもリスクの高いXFV-12の揚力システムを好んだが、間違った方向だった。

## 超音速の未来

結果的にXFV-12は中止され、ようやくF-35JSF（統合型攻撃戦闘機）の開発によって、ハリヤーの代替機となる真の超音速垂直離着陸機がゆっくりとだが実現しつつある。

XFV-12の全計画は安上がりに行われた。主降着装置やキャノピー、コックピット関係のコンポーネンツはA-4スカイホークのものだった。ウイングボックスとインテークの部品はF-4ファントムのものだった。

垂直飛行における横操縦は排気ユニットの方向を変えることで制御された。またロールコントロールは供給される推力の大きさを左右で変化させることで行われた。

XFV-12には「推力増強翼」と呼ばれる翼が装備されていた。エンジン排気は、垂直飛行を行うためにカナードと主翼にあるダクトを経由して吹き出されるようになっていた。

# ライアンX-13バーティジェット

## RYAN X-13 VERTIJET

　1950年代初期、アメリカ海軍の空母搭載航空機は10年以内に垂直離着陸機（VTOL）になるだろうと考えた高官たちがいた。彼らは間違っていたのだが、それを証明するにはX-13バーティジェットのような航空機が必要だった。三角翼のX-13は、特殊なトレーラーとフック、細いポールを使う独特の着陸方法をとっていた。着地するためには、パイロットは見えないトレーラーの垂直な台に接近しなければならなかった。2機目の機体も作られた。この機体は、水平飛行へと移行し、着陸のために再び垂直に移行するという、垂直離着陸の完全な手順を1957年4月11日に成功させた。どちらの機体もロールスロイスのエイヴォンターボジェットで動き、12分間飛行できる燃料を入れていたにもかかわらず、エンジン推力がかなりの差で機体の重量を上回っていれば、垂直離着陸が実現可能な計画であることを証明した。

　国防省に対して行われたある実演では、X-13はトレーラーから飛び立ってポトマック川を越え、その排気でローズガーデンをめちゃめちゃにし、その後ネットのなかに着地している。この実演は軍の高官に強い印象を与えたものの、さらなる資金は与えられず、計画は先細りとなった。

グラデーションの目盛りがついた棒が着陸台からつきだしており、バーティジェットのパイロットはこれを使って着陸用ワイヤーからの高度（つまり距離だが）を判断しなければならなかった。

## 着地するためには、パイロットは見えないトレーラーの垂直な台に接近しなければならなかった。

### データ

乗員：1名
動力装置：ロールスロイス・エイヴォン RA.28-49ターボジェット　推力4540kg×1
最高速度：777km/h
翼幅：6.40m
全長：7.13m
全高：（車輪付で）4.60m
重量：積載時3317kg

# バーティジェット「航空機のファンタジックな未来」

X-13の初期段階のコックピットや反動操縦装置、2軸のスタビライザーは、垂直試験装置での垂直離陸試験が完了したあとで、はじめて取り付けられた。

## 情熱をくじく

アメリカが成功した唯一の「テイルシッター」機であるバーティジェットは、ポゴと同じ不利な限定的な性能に苦しめられた。少ない積載量と短い航続距離は、生産モデルを作ろうという熱意を呼び起こすことができなかったのである。

イギリスのエイヴォンエンジンは、大きさの制限のあるなかで最も強力なエンジンであり、X-13は垂直飛行に必要となる1対1以上という推力重量比を得ることができた。

最初に製造されたときのX-13には巨大な安定板があり、その高さは翼の大きさとほぼ同じだった。大きさはのちのテストで短縮された。

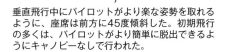

41619

U.S. AIR FORCE

垂直飛行中にパイロットがより楽な姿勢を取れるように、座席は前方に45度傾斜した。初期飛行の多くは、パイロットがより簡単に脱出できるようにキャノピーなしで行われた。

最初のVTO飛行は、機体の下面に雑なつくりの降着装置を付けた機体で行われた。

# サンダース・ローS.R./A.1
## SAUNDERS ROE S.R./A.1

　S.R./A.1は、戦闘飛行艇の需要を感じていたイギリス軍が世界初のジェット戦闘飛行艇として1944年に要求書を提示したことにより誕生した。飛行場のない島嶼部からの離着水が可能で、表面的には成功を収めた日本の水上戦闘機の用兵思想を取り入れている。だがそのころアメリカ軍は、なんの苦もなく太平洋諸島沿岸に飛行場を建設していたのである。S.R./A.1は、戦争も終わり、戦闘飛行艇の需要も絶えて久しい1947年まで飛び立つことはなかった。3機あったS.R./A.1のうち、1機はアクロバット飛行試験中に墜落、もう1機は水中の流木に衝突しひっくり返って沈没した。朝鮮戦争が勃発した1950年まで残り1機で試験飛行を何度か行ったが、そのころには予測される敵機の性能と比べると見劣りするため、結局S.R./A.1は博物館送りとなった。

　ジェット戦闘飛行艇の生産を手がけたのはイギリスとアメリカのみ、しかもアメリカは同機よりさらに高性能の、コンベアXF2Y-1シーダートを飛行させた。ジェット戦闘飛行艇の分野にはソ連軍も参入したが、ベリエフR-1やベリエフBe-10のような爆撃機や偵察機の方面に全力を注いだ。いずれも実用にはいたらなかったものの、ターボプロップ・エンジン搭載の飛行艇でソ連軍はかなりの成果を上げた。

## 出現が予測された敵機より低性能であった。

TG263

初飛行を迎える前に時代遅れとなってしまったS.R./A.1は、日本の中島二式水上戦闘機などの水上機と同様に、性能は同時代の陸上戦闘機よりも劣っていた。

### データ
乗員：1名
動力装置：メトロポリターンーヴィッカースMVB-1ベリル ターボジェット 推力1470kg×2
最高速度：824km/h
翼幅：14.02m
全長：15.24m
全高：5.10m
重量：8872kg

# S.R./A.1「時代遅れの設計」

S.R./A.1のスピード不足という欠点は運動性の良さで補うことができた。実際に操縦したパイロットは、非常に機敏で扱いやすかったと感想を残している。

## 戦後の問題

この種の飛行艇に対する需要はS.R./A.1が飛んだ1947年になるとなくなってしまい、試験中に起こったトラブルを考えても実用にはいたらなかっただろう。

比較的狭い胴体の両脇に2基のエンジンが搭載できるという理由から、軸流圧縮式のベリルエンジンが採用された。

胴体上部に小型のコックピットを配置したのは、離水滑走中にパイロットの前方の視界を確保するためだ。

機首のインテークの位置が高いのは、水を吸い込まないようにするためである。

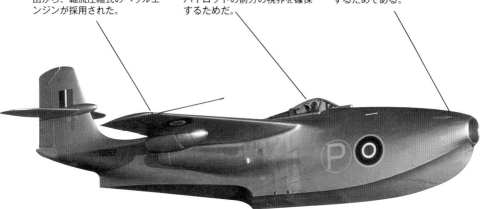

# スネクマ・コレオプテール
## SNECMA COLEOPTERE

1950年代から60年代にかけて行われた垂直離着陸（VTOL）プロジェクトのなかでも、並外れて変わっていたのがフランスのコレオプテール（環状翼機）だった。初期の試験機は4輪の脚を付けた専用のテストリグにアターターボジェットを搭載しただけのものだった。無人飛行試験を終えた後、有人型のアター・ヴォラントが作られ、1957年4月8日に拘束ワイヤー付きで初のホバリング飛行を行い、5月14日には自由飛行を成功させた。次の段階として、アターエンジンを胴体内部に格納し、水平飛行から垂直飛行に移行できるよう、周囲に環状翼を配した機体、コレオプテールが作られた。

見た目より多少まともな操縦舵面が水平飛行時の制御を行い、垂直飛行時の操縦は推力偏向を採用した。尾部が着地する飛行機の場合、パイロットは振り返って下を見ながら着陸しなければならないという問題点があった。水平飛行から垂直飛行に切り替える際、またその逆の時にも危険がともなう。だがそれがようやく発覚したのは9度目の飛行で、ホバリングに失敗し、3軸方向に動揺を起こしながらまっさかさまに墜落したのだった。パイロットはコレオプテールが墜落する直前、50度傾斜したところで脱出し、プログラムは終焉を迎えた。

## 並外れて変わった垂直離着陸プロジェクトだった。

試験飛行中に制御不能になると、パイロットは垂直降下する機体の安定化を図ろうとした。パイロットは45mの地点で重傷を負いながら脱出し、機体とパイロットは、ともにその経歴に終止符を打ったのだった。

### データ
乗員：1名
動力装置：スネクマ アター101 E.V.ターボジェット　推力3700kg×1
最高速度：不明
直径：3.20m
全長：8.02m
重量：最高3000kg

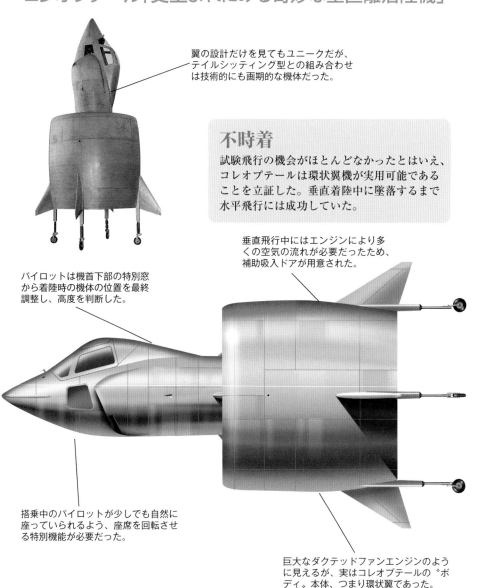

# コレオプテール「史上まれにみる奇妙な垂直離着陸機」

翼の設計だけを見てもユニークだが、テイルシッティング型との組み合わせは技術的にも画期的な機体だった。

## 不時着

試験飛行の機会がほとんどなかったとはいえ、コレオプテールは環状翼機が実用可能であることを立証した。垂直着陸中に墜落するまで水平飛行には成功していた。

垂直飛行中にはエンジンにより多くの空気の流れが必要だったため、補助吸入ドアが用意された。

パイロットは機首下部の特別窓から着陸時の機体の位置を最終調整し、高度を判断した。

搭乗中のパイロットが少しでも自然に座っていられるよう、座席を回転させる特別機能が必要だった。

巨大なダクテッドファンエンジンのように見えるが、実はコレオプテールの〝ボディ〟本体、つまり環状翼であった。

# ツポレフANT-20

## TUPOLEV ANT-20 MAKSIM GORIKII

大型機ANT-20は、作家、マクシム・ゴーリキーの偉業をたたえたいというソビエト作家連盟からの強い要望により、また一般から寄付もあったことから純粋なプロパガンダ目的で作られた機体だった。ANT-20は、ソ連当局がまだ足を踏み入れたこともない地域を回り、共産党のメッセージを市民に伝えた。こうした目的を持つANT-20には、小型の印刷設備や写真スタジオ、映画館、ラジオ局が設置されていた。そしてソ連航空技術の優秀さを世界中に知らしめるため、ANT-20は世界最大の航空機でなくてはならなかったのである。その後の機体で、ANT-20より翼幅が長かったのは10機程度（B-36やAn-124など）を数えるだけだ。当初エンジンを6基搭載しても不充分で、胴体上部ポッ

ドにもうひと組のエンジンが追加された。ANT-20は、飛行中の同機の周りをバレルロールしようとしたポリカルポフI-5戦闘機と空中衝突して墜落した。ANT-20に搭乗していた49名全員と戦闘機パイロット、それに地上にいた3名が死亡した。

ANT-20への搭乗を許可された唯一の外国人パイロットは有名なフランス人飛行家のアントワーヌ・ド・サンテクジュペリで、墜落事故前日に短時間飛行を行った。彼はその後、フランスの「パリ・ソワール」紙に搭乗の際の体験談を寄せている。ANT-20の墜落は、張り切りすぎたパイロットのニコライ・ブラーギンが大胆な操縦を行ったせいだとされているが、事前に計画されていたアクロバット飛行が失敗、大惨事に終わったというのが真相のようだ。

## 小型の印刷設備や写真スタジオ、映画館、ラジオ局が設置されていた。

1930年代のソ連でなければ出現しえなかったANT-20は、プロパガンダの道具として非常に役に立ったが、ある意味間の悪い状況で幕を引くことになってしまった。

### データ

**乗員**：8—10名、乗客72名
**動力装置**：ミクーリンAM-34FRNピストンエンジン　900hp×8
**最高速度**：220km/h
**翼幅**：63.00m
**全長**：32.46m
**全高**：11.25m
**重量**：41,731kg

# マクシム・ゴーリキー

## マクシム・ゴーリキー「共産党のプロパガンダ機」

### さらに大きく、さらに高性能に

ANT-20は、ソ連がなんでも世界一巨大なものを作っていた時代の産物だった。常識が通用する状況ではなかったのだ。

乗員は最高23名といわれているが、その大半はプロパガンダ要員として搭乗していた。航空機の運行に実際にたずさわるのは8名から10名だった。

エンジン6基が主翼前縁に、2基が胴体後部上方のポッドの前後（プッシュ・プル方式）に搭載されていた。

巨大な車輪用のスパッツ（訳注：脚部に取り付けて空気抵抗を減少させる覆い）は航空機に装着された中でおそらく最大だろう。

ANT-20にはメディア制作や情報配信用設備が搭載されていただけではなく、カフェテリアや機内電話交換機、乗員の寝室まで用意されていた。洗濯場や薬局、バーがあったという情報もある。

巨大音響システムや夜間にプロパガンダ・スローガンを空中に映し出す照明用として、小型補助エンジンが4基必要だった。

# ツポレフTu-144

## TUPOLEV TU-144

　超音速民間輸送機コンコルドの対抗馬としてソ連が世に送り出したのがツポレフ144だった。同機はコンコルドから多くのデザインコンセプトを借用したため〝コンコルドスキー〟と呼ばれた。Tu-144がエアラインに就航できるようになるまでに、オリジナルの設計は主翼の設計変更を含め、徹底的な改良が必要だった。完成したTu-144は1973年のパリ航空ショーで空中分解を起こして墜落し、14名が犠牲になった。この事故の原因をめぐってはさまざまな議論が飛び交うことになった。当時最新鋭のカナードを撮影しようとしたフランスのミラージュ戦闘機の追尾から逃れようと、Tu-144が激しい回避行動を取ったという説が有力だが、フランスとソ連の両政府は結託して事件の詳細を隠蔽した。フランスは当初ミラージュが当時飛行中だった事実を否定したが、1機が付近を飛んでいた事実が証明された。

　ターボファンエンジンを採用したため、外部の騒音はコンコルドよりも少なかったが、キャビン内の騒音は大きかった。1975年、アエロフロートがTu-144の運行を開始したが、モスクワ－アルマアタ（アルマトゥイ）間を旅客というよりは郵便を多く運んだ。週に二度の運行が週1度になり、1978年6月にキャンセルされた。このルートで乗客を運んだ便数はわずか102便、そのうち1便が事故を起こしている。

## オリジナルのTu-144は徹底的な設計変更が必要だった。

Tu-144はコンコルドよりも大型で速かったが、メカニズム面での信頼性が低く、効率も悪かったため、さすがのソ連も運行を維持できなかった。

### データ

**乗員**：3名、乗客140名
**動力装置**：クズネツォフNK-144ターボファン推力20,000kg×4
**最高速度**：アフターバーナー点火時、マッハ2.0
**翼幅**：27.00m
**全長**：65.70m
**全高**：12.90m
**重量**：180,363kg

# ツポレフTu-144「コンドルスキー」

## 旅客機としての用途

Tu-44は最終的には旅客機として運航されたが、メカ部分のトラブルのせいで週1便のフライトを維持することすら困難になり、1978年6月にフライトを中止した。

Tu-144は、つねに世界のトップでなければならないというソ連ならではの哲学の犠牲者であり、完成を待たずに大急ぎで実用化されてしまった。

量産型15機のうち最後に生産されたのが、エンジンと航続距離を向上させた5機のTu-144D型である。そのうち1機はその後飛行実験機へと転用され、NASAが次世代超音速旅客機の研究用に使用した。

マッハ2の速度で機体の温度を一定に保つうえで欠かせないはずの空調システムが不調で、キャビン内の温度は不快なほど上昇した。エンジン音も激しく、フライト中、乗客には耳栓が支給された。

量産型は原型機よりも全長が長く、翼はさらに曲線的になり、翼幅も拡大した。可動式カナードはコックピットの後方に装備され、〝口ひげ〟と呼ばれることもあった。

# ワイト四葉機
## WIGHT QUADRUPLANE

　ハワード・ライトは、ワイト島の造船業者、ホワイト＆コーポレーション向けに、数々の飛行機を設計した。混乱（や混乱の原因）を避けるため、これらは全てワイト航空機と呼ばれていた。水上飛行機数機と平凡な陸上飛行機を数機製造後、ホワイト／ワイト社とライトは、ソッピースに影響を受けた戦闘機開発へと移行していく。なかでもソッピース三葉機に注目した彼らは、さらに翼を１枚加えた四葉機へと進んでいった。成功したソッピースやフォッカーの三葉機はエルロンを全ての翼に設置したにもかかわらず、ライトの四葉機ではエルロンを上の２翼にのみ装着していた。初期の試験では翼の取り付け角が浅いため離陸がやりにくいといったトラブルがいくつかあった。翼を交換し、設計は最低２度やりなおした。胴体部も改良したが、全長を延ばしたほうが有益だったのに、胴体の幅を広げ、側面のデザインを変えてしまった。こんな風変わりなデザインではイギリス陸軍航空隊も発注しようとは思わず、一度きりの発注に終わった。

　ホワイト＆コーポレーションはその後、成功作となったショート184フロート付き水上機の生産を受注した。同機の生産は、ボート製造会社としての伝統を生かせる好都合なものだったといえる。同社が最初に航空機を製造したのは1912年のことで、やはり水上機であった。同社の航空機は、イースト・カウズにある〝焼き網小屋〟と呼ばれる工場で作られており、現在もかの地に建っている。

## 翼を交換し、設計は最低２度やりなおした。

| データ | |
|---|---|
| **乗員**：１名 | |
| **動力装置**：クレルジェ9Zロータリー（回転式）ピストンエンジン　110hp×1 | |
| **最高速度**：不明 | |
| **翼幅**：5.79m | |
| **全長**：6.25m | |
| **全高**：3.20m | |
| **重量**：不明 | |

幅（スパン）よりも全長の長い機体は数少ないが、この四葉機は、どう見ても丈も高すぎる。悪い予想が的中し、最後の事故で四葉機の生涯は終わった。

# ワイト四葉機「4枚の羽根を持つ奇妙な飛行機」

第1次世界大戦中、何機かの四葉機の製造と試験が行われたが、いずれも失敗に終わり、四葉機デザインはやがて採用されなくなった。

## ホワイトの終焉

四葉機は失敗に終わったが、ホワイト社は第1次世界大戦終結まで飛行機の製造を継続し、1919年1月に製造施設を閉鎖した。

この四葉機の翼幅は胴体よりも短く、その当時現れた航空機としては、すでに確立されていた慣習（全幅が全長より大きいのが普通だった）に反するものだった。

翼部の設計者はハワード・ライトで、彼らしい、とても効率の悪い設計だった。前縁と後縁にはカンバー（反り）があるが、中央部は平坦だった。

第1回飛行では車輪が最下翼の中にはまり込むようになっていたため、後縁が地面をこすらないよう大型の尾橇が必要だった。その後、もっと一般的な設計に改良された。

# 空技廠・櫻花
## YOKOSUKA OHKA

1944年、下士官クラスの日本人輸送機パイロットが、連合軍艦隊に突入・自爆するロケット推進型飛行機の構想を提案した。空技廠は記録的な早さでMXY7櫻花を開発し、海軍に納入した。

一式陸攻G4M攻撃機で上空まで運ばれた櫻花は、目標から32kmまで接近した後、母機から発進した。空母部隊の戦闘空中哨戒にあたっている戦闘機にとってはじゅうぶん迎撃可能な距離であった。初戦では、櫻花の発進までに搭載機16機がすべて撃墜されてしまった。約750機が製造されたが、その大部分は発進することもなく、搭載機ごと撃墜されたり、地上で破壊されるか接収されてしまった。櫻花は、およそ15隻の連合軍艦船を沈没させたと考えられているが、連合軍の進攻に対してほとんど影響を与えることはなかった。

櫻花は地下工場で大量生産される計画だったが、工場完成前に終戦を迎えた。ロケット爆弾として計画されていた櫻花43Aは水面に浮上した潜水艦からのカタパルト発進を想定し、デッキハンガーに積み込めるように主翼を折りたたみ式とする予定だった。櫻花43Bの設計も基本的にはA型と同じだが、こちらは本土防衛が目的で、洞窟に設置されたカタパルトから発進し、沿岸まで接近した艦隊への突撃を想定していた。だが、どちらも作られることなく終わった。

### データ
**乗員**：1名
**動力装置**：4式1号20型火薬ロケット×3、推力合計800kg
**最高速度**：649km/h
**翼幅**：5.15m
**全長**：6.01m
**全高**：1.19m
**重量**：全備 1895kg

## 連合軍にほんのわずかな打撃しか与えられなかった。

連合軍からは〝バカ〟という不名誉なコードネームがつけられていたことで知られるMXY7は、操縦士本人が生還できないよう設計されていた数少ない飛行機だ。特攻機という目的から考えれば、成功したとみなしてもいいだろう。

# 櫻花「ロケット推進型特攻機」

自身の死を覚悟したパイロットは訓練
用の滑空機で特攻の訓練を受けた。そ
の実物はアメリカの空軍博物館に保存
されている。

## 日本の〝バカ〟

絶望的としか言いようのない発想か
ら生まれた櫻花は、日本軍が1944年、
接近する連合軍から本土を守ろうと
捨て身の行動を取ったことを端的に
表している。

櫻花11型は、機首に1200kg
の高性能爆薬を搭載していた。
後期になると弾頭の軽量化が行
われた。

後期モデルの22型は小型補助
ピストンエンジンで圧縮器を駆
動するジェットエンジンを搭載
したが、第1回試験飛行におけ
る墜落事故（過失による）で失
われた。

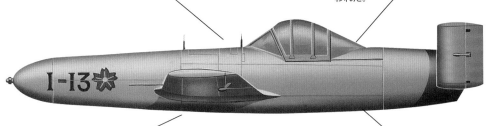

コックピットには、コンパス、
対気速度計、高度計、旋回傾斜
計と、4種類の計器しか揃って
いなかった。

櫻花はできる限り非戦略的な材
料を使い、未熟練工が製作した。
胴体部は標準的なアルミニウム
構造だが、翼部は布張りのベニ
ヤ製だった。

ジェット機とは外見的には似ているが、カプロニ・カンピーニ
N.1の出来は悪く、技術的に将来性がないことが立証された。

# エンジンの不思議

*POWER PROBLEMS*

　エンジンが原因で失敗した飛行機は多い。初期のエンジンは出力が低く、設計者は無駄な重量を可能なかぎり省くか、逆に積めるだけエンジンを積むかという二者択一に迫られた。エンジンが多くなれば失敗の確率がそれだけ上がり、パイロットのだれもが恐れる火災というトラブルが起こる可能性も高くなった。設計はまともでも、機体に合ったエンジンの入手を待ちきれず、結局失敗したプロジェクトも少なくなかった（アブロ・マンチェスターのようにエンジンを倍にする、つまり双子エンジンを採用するものまであった）。

　1930年代にカプロニ社はダクテッドファン・ピストンエンジンの実験を手がけ、ジェット機の誕生を予感させたが、同等のエンジンを搭載した従来型の機に比べると、性能面で劣っていた。なぜそうなったのか、今もなお興味をそそる航空史の出来事である。

　タービンエンジンが優勢になりつつあった第2次世界大戦後でも、その性能に何度となく落胆させられた。とりわけ1940年代後期から1950年代にかけて、アメリカ海軍の依頼で製作されたエンジンは不運続きで、ウェスティングハウスJ34型、J46型ターボジェットのような欠陥品が続出した。J46型ターボジェット搭載機、ヴォートF7Uカットラスに搭乗したパイロットは「機体の熱くなることといったら、同じメーカーが作ったトースターなみだ」と述べている。

# アブロ・マンチェスター

## AVRO MANCHESTER

マンチェスターは最大重量でのカタパルト射出と、急降下爆撃が可能な中型爆撃機という仕様で製作されたため、強靭な構造と、高翼面荷重が特徴であった。搭載されていたバルチャーエンジン（ペリグリンエンジンを2基組み合わせた、ロールスロイス社の数少ない大失敗作）は、突然炎を吹き出すという恐るべき性癖と、疲労によりバラバラになるというやっかいなトラブルが続く不良品だった。初期のオーバーヒートに関する不具合は解決したが、今度はコネクティングロッドの設計で重大な問題が持ち上がった。コン・ロッド一対のうち1本に基準以上の圧力がかかるようになり、ベアリングを支えるボルトの破損を招いたのだ。故障したコン・ロッドはクランクケースを突き破り、エンジン停止と、消火不能なエンジン火災の両方を引き起こしてしまった。バルチャーエンジンは開発当初から絶望的だったのだ。

ごく少数の飛行隊がマンチェスターを配備されたが、やがて同機は悲惨な事故を起こしたため、何度も飛行を禁止して改良が施された。1941年にはもともとしっかりした設計（エンジン以外は）に、翼幅を延ばし、マーリンエンジンを4基搭載するという改良を加えたマンチェスターIIが誕生した。初期のマンチェスターに見られた3枚の垂直尾翼は2枚とされ、名称もランカスターと変更された同機は、第2次世界大戦中最も成功した爆撃機のひとつに数えられることになったのである。

## 突然炎を吹き出す性癖と、疲労でバラバラになるというやっかいなトラブルが続いた。

リンカーンシャーのワディントン基地・第207飛行隊が最初のマンチェスター装備部隊となったが、1週間足らずで、パイロットのほぼ全員を失うという悲劇にみまわれた。

### データ
**乗員**：7名
**動力装置**：ロールスロイス
バルチャー　24気筒液冷エンジン　1760hp×2
**最高速度**：426km/h
**翼幅**：27.46m
**全長**：20.98m
**全高**：5.94m
**全備重量**：22,680kg

# マンチェスター「スタートの段階から絶望的だった」

片発停止時の飛行特性が悪かったこと
から、尾翼のデザインを何度も変更し
て安定性を高めようとした。

## お粗末な就役記録

2カ所の工場で合計202機のアブロ・
マンチェスターが製造された。実稼働
期間は、わずか21カ月、その間戦闘中
あるいは事故で136機を失っている。

機関銃8挺、うち4挺が後方の
砲塔に搭載されていた。搭載爆
弾重量は標準型ランカスターよ
りも少ない1814kgだった。

マンチェスターは小窓が横一列
に並ぶデザインが特徴的だが、
このデザインを受け継いだのは、
製造ラインでマンチェスターか
ら改造されたランカスターの初
期モデルだけだった。

エンジンの片側が故障しても安
定性が保てるよう、マンチェス
ター I には中央の垂直尾翼と両
端の尾翼が2枚が組み合わされ
た。Mk.Iaでは大型の両端垂
直尾翼と幅広の水平尾翼に換装
された。

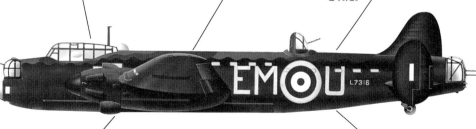

バルチャーエンジンの出力は予
想を下回り、さまざまな不具合
を頻発した。

翼幅を延ばし、尾翼の面積を広げ、強
力で信頼性の高いマーリンエンジンを
4基搭載すると、マンチェスターの欠
陥はすべて解消し、かの有名なランカ
スターとして生まれ変わった。

# バーデ（VEB）152

## BAADE (VEB)152

VEB152は、ユンカースジェット爆撃機の着陸装置設計者、ブルノルフ・バーデにちなみ、非公式にバーデ152と呼ばれている。独自の航空機プログラムにより不本意ながらソ連に協力した後、1950年代に東ドイツに帰国したバーデのチームは、ソ連でそれなりに成果を挙げながら1機のみの製作に終わったプロジェクト、アレクセイエフ（OKB-1）150爆撃機のデザインをベースとする民間向け航空機生産のための産業組織を設立した。

最初のフライトは成功したが、2度目に墜落事故を起こした。原因は不明（上層部がもみ消した可能性もある）だが、グライドパスの角度を試験しなかったため、燃料系統内に空気が混入したためではないかとされている。改良後の試作2号機は2度のフライトを成功させたものの、ボーイング707など西側のデザインと比べると、かなりの遅れをとっていた。東ドイツ政治局は1961年に民間機産業全体の解体を命令し、その存在は歴史から消し去られそうになった。

ソ連が設計したジェット旅客機と同様、VEB152の第1号機も機首にはガラス張りの席が設けられていた。軍事目的や物資投下用として必要になった場合に軍の輸送担当者が使用するためである。この仕様は試作2号機で取りやめになったが、同機には主脚収容バルジがエンジンパイロンに設けられるという、一風変わった構造が採用された。3号機は製造されたものの地上試験での使用にとどまった。

## 最初のフライトは成功したが2度目に墜落事故を起こした。

共産主義経済と爆撃機の空力学を基盤とした民間航空機産業を立ち上げるいう東ドイツの政策は失敗に終わった。

### データ
**乗員**：不明、旅客数は72名まで
**動力装置**：ミクーリンRD-9Bターボジェット推力2600kg×4
**最高速度**：800km/h
**翼幅**：27.00m
**全長**：31.40m
**全高**：9.40m
**重量**：44,500kg

# VEB 152「共産主義者の爆撃機」

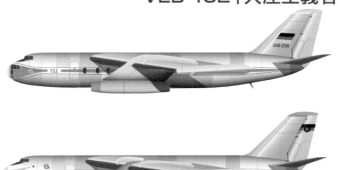

VEB152がたとえ実用化されても、歴史上もっとも不格好なジェット旅客機の名を欲しいままにし、乗客の支持をまったく得られなかったことだろう。

## 高くついた誤算

国営の航空会社で15機だけ運航するはずだったが、経費総額は当時の東ドイツで20億マルクに達し、プログラムはキャンセルとなり、製造中の機体もスクラップとされた。

スペースも足りなければエンジンのパワーも足りず、そのうえ爆撃機の翼では、積載量も飛行距離も限られ、ジェット旅客機としての高速も得られなかった。

モデル150爆撃機は大型のリューリカエンジン2基を搭載していたのに、VEB152ではそれよりもかなり非力なエンジンを4基（MiG19で使用されたバージョン）搭載したため、重量と燃費がかさんだわりには推力が低かった。

本来荷物収納スペースとなる床下部分が降着装置の格納場所の犠牲となり、大型のウイングボックスがキャビンの天井に割り込んでいた。

1号機は2輪式の主脚とアウトリガーホイールを装備していたため、かなり正確に水平を保って着陸しなければならなかった。

# バーリングXNBL-1

## BARLING XNBL-1

　第1次世界大戦では戦略的爆撃にお
ける大型機の威力が示されたが、戦後
の財政難の時期に開発予算はほとんど
確保できなかった。1918年当時のアメ
リカは他の連合国と同様、大戦はまさ
に〝全ての戦争を終結させるための戦
争〟になるとの結論に達し、しかるべ
く軍備縮小に向かった。孤立主義政策
が優勢となるなか、ウッドロー・ウイ
ルソン大統領が国際連盟の設立を提唱
したにもかかわらず、アメリカ自身は
合衆国議会の反対により加盟を見送る
ことになった。アメリカ陸軍航空隊は
存続こそしていたが、1919年になると、
その力は戦時中最盛期のわずか13％
まで縮小されていた。そこで陸軍は
軍唯一の爆撃機、バーリングXNBL-1

（長距離夜間爆撃試作機第1号）、通
称〝バーリング爆撃機〟に資金の大半
を投じた。

　XNBL-1にはエンジン6基が搭載
されていたが、パイロット2名、銃手
5名を乗せた巨大な三葉機の重量と空
気抵抗を支えるにはあまりにも非力で
あった。理論上は2268kgの爆弾が搭
載可能とうたっていたが、ある時、デ
イトン－ワシントンD.C.間を飛ぼうと
したもののアパラチア山脈が越えられ
ず、やむを得ず引き返さねばならな
いという事態が起きた。改良型のた
めの予算も期待できぬまま、XNBL-1
は、その後数年にわたって空軍力によ
る〝ショー・ザ・フラッグ〟（国力の
誇示）のために維持された。

## アパラチア山脈を越えられないこともあった。

タラント・テイバー（英）の設計者で英国人の、ウォルター・バーリ
ングが設計を担当し、物議を醸したことで知られるウイリアム・ミッ
チェル陸軍准将が後押しをしたXNBL-1は、厄介者の名を（准将に続
いて）再度与えられることになった。

---

### データ

**乗員**：7名
**動力装置**：リバティ 12A
ピストンエンジン
420hp×6
**最高速度**：154km/h
**翼幅**：36.58m
**全長**：19.81m
**全高**：8.23m
**全備重量**：19,309kg

# バーリングXNLB-1「空飛ぶ星条旗」

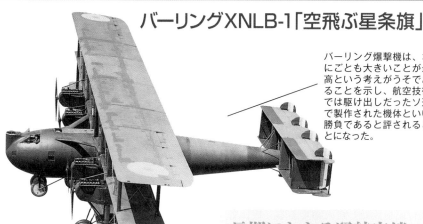

バーリング爆撃機は、なにごとも大きいことが最高という考えがうそであることを示し、航空技術では駆け出しだったソ連で製作された機体といい勝負であると評されることになった。

## 長期にわたる運航実績

バーリング爆撃機が誕生したころには安定性に関するいくつかの経験が機体設計に生かされており、非常に凡庸な性能ながら、同機は比較的長期間安全に飛びつづけた。

パイロットの座席は側面に複数の窓がある半閉鎖型操縦室に配置されたが、前方に砲手座席があるため、前方視界の大半がさえぎられてしまった。

主着陸装置の車輪数は10。前部の車輪一対は、機首が地面をこすらないために装備されていた。

操縦室内のレバーで飛行中の尾翼の迎え角を操作できた。

武装はフレキシブルマウントの7.5mm機関銃7挺。

支柱や張線を多用したため干渉抵抗が生じ、XNLB-1の速度を減殺した。

# ベアドモア・インフレキシブル

## BEARDMORE INFLEXIBLE

ベアドモア社（1920年代は造船業が主流だった）は、当時革新的だった全金属製構造が実用可能であると立証するためにインフレキシブルを開発した。大型機の大半が依然として木材と布製の複葉機だった1928年にしては画期的な、単葉中翼機でもあった。ベアドモア・インフレキシブルの設計はイギリス航空省の要請によりドイツ人のアルフレッド・ロールバッハ博士が担当した。1924年には巨大なドルニエDoX飛行艇を設計した人物である。機体各部があまりに巨大だったので、ベアドモア社はコンポーネンツを乗せた船を工場のあったクライドからいったん海に出し、フェリクストウ港まで運んでから組み立てを行った。

初飛行は1928年3月5日、パイロットはJ・ノークス空軍少佐がつとめた。驚いたことに、インフレキシブルはきわめて短い滑走で空中に浮かび、飛行中はほぼ問題もなく、非常に安定していた。だがインフレキシブルの初飛行は低性能という点で大方の予想を裏切るものではなかった。コンドルエンジンを3基搭載していたにしては、機体重量が重すぎたのだ。航空ライターのビル・ガンストンは「何の役にも立たないが、とりあえず飛ぶことだけはできた」と述べている。

インフレキシブルは2年で飛行の役目を終え、保管面積の節約のため解体された後、機体の腐食を検査する実験台をつとめて生涯を終えた。似たような設計のモデルとして、本機の前に作られた全金属製飛行艇、ベアドモアインバーネスがあるが、設計者が生存性を重視したため、不時着水しても戻れるよう、大型のマストと帆2基が取り付けられていた。

## 何の役にも立たないが
## とりあえず飛ぶことだけはできた。

インフレキシブルはイギリス空軍主催の航空ショーに2度出展し、集まった人々をあっと言わせたが、それ以外の活躍はないも同然だった。

### データ

**乗員**：4名
**動力装置**：ロールスロイス
コンドルⅡ液冷ピストンエンジン　650hp×3
**最高速度**：175 km/h
**翼幅**：48.00m
**全長**：23.00m
**全高**：6.45m
**重量**：16,780kg

# インフレキシブル「不格好なうえに使い道がない」

1940年代末期にブリストル・ブラバゾンが登場するまで、インフレキシブルは最大のイギリス製陸上航空機だった。

## 大きすぎる、重すぎる

インフレキシブルには欠点が山ほどあった。大きすぎて格納が難しく、スチール構造で本体が重いため、積荷はほとんど載せられなかった。それでも空を飛ぶことだけはできた。

インフレキシブルは一見爆撃機風のデザインだが、攻撃や防御用の兵装はなかった。

当時のイギリス製航空機で全金属製構造の採用は画期的だったが、同様の航空機をドイツはすでに山ほど製造していた。

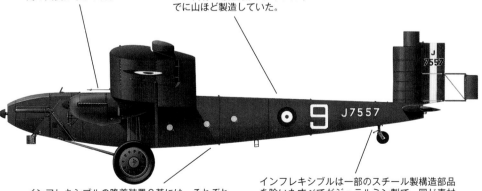

インフレキシブルの降着装置2基には、それぞれ直径2.2mの巨大な車輪が装備されていた。超大型機の往時をしのぶ唯一の品として、そのうちのひとつがロンドンの科学博物館に展示されている。

インフレキシブルは一部のスチール製構造部品を除いたすべてがジュラルミン製で、同じ素材の外板で覆われていた。いくらかサビが出たものの、インフレキシブルはどちらかといえば頑丈な機体であった。

# ベルHSL-1
## BELL HSL-1

ベル社製唯一のツインローター・ヘリコプターで、パイアセッキ（のちのボーイング・バートル）製以外では数少ないツインローター機である。HSL-1は、当時のアメリカでは最大のヘリコプターで、潜水艦を追尾し、フェアチャイルド ペトレル空対水中ミサイルで撃沈することを目的に製作された。

社内コードネーム〝ベル・モデル61〟と命名され、1950年7月に評価目的の試作機が3機発注されたが、1号機が初飛行を遂げたのは1953年3月だった。試験飛行は成功し、78機発注された量産機のうち、18機はイギリス海軍向けに出荷される予定だった。だが量産機は結局イギリスに納入されなかった。

イギリス海軍としては、大型星型エンジン1基のモデルより、ツインエンジン設計のヘリコプターがよかったのだろう。さらに欲を言えば、空母のエレベーターにおさまるサイズであってほしかったのだが、HSLはローターを折りたたんでも入らないほど大きかった。開発の遅れを長引かせた原因は振動の問題だった。ピストンエンジンの騒音が大きすぎてソナーの指示値を正確に読み取ることができず、対潜哨戒ヘリコプターとしてはほんの僅かのあいだ使用されただけに終わった。HSLは機雷掃海や訓練用、あるいはスペアパーツの供給用途ぐらいでしか使われなかった。

## 開発の遅れを長引かせた原因は振動の問題だった。

ベルHSL-1は最終的に50機生産され、すべてアメリカ海軍に納入された。

データ
乗員：4名
動力装置：プラット＆ホイットニー R-2800-50 星形ピストンエンジン 2400hp×1
最高速度：161 km/h
ローター径：15.70m
全長：11.90m
全高：4.40m
重量：12,020kg

# ベル HSL-1「潜水艦追撃ヘリコプター」

## 時間との闘い

アメリカ海軍には対潜水艦作戦用ヘリコプターであるHSLの需要が大量にあり、イギリス海軍も朝鮮戦争用として多数発注していたが、テストプログラムの完了より先に、朝鮮戦争そのものが終結してしまった。

少数のアメリカ海軍飛行隊に配備されたHSL-1はほとんどが訓練用にまわされ、対潜水艦作戦用ヘリコプターとして、海軍はシコルスキーにHSS-1（S-58)を開発させなければならなかった。

試作機で発見された安定性上の問題点を補正するため、尾部に大型の尾翼が追加された。

HSLは自動操縦システムにより敵とおぼしき潜水艦の上空を長時間ホバリングし、海中に投入したソナー（ディッピングソナー）で潜水艦を捜索することができたが、ソナー操作員が信号を聞き取れないという欠陥を露呈した。

HSLは同時代のヘリコプターを上回る強力なエンジンを搭載していたが、パワーが強力な分、騒音と振動も激しかった。

# ベルX-1/X-2
## BELL X-1/X-2

　第２次世界大戦が終結した時点でジェット機の設計は飛躍的な発展を遂げ、音速や超音速を目指すようになったが、問題は山積していた。ひと握りのパイロットは音の壁に直面しながら、強烈な衝撃波により機体が空中分解し、状況を説明するために生還することはできなかった。こうした未知のスピード領域を実際に調査するために設計されたのが、X-1、そしてX-2であった。

　オリジナルの〝X型機〟、すなわちX-1（当初XS-1）は、1947年10月14日の試験飛行で速度マッハ１を世界で初めて達成し、大成功をおさめた。だがX-1シリーズとX-2には致命的な欠陥が隠されていた。1951年８月、X-1Dが投下母機EB-50の下で爆発を起こし、機体を砂漠に投棄せざるを得ない事態が起こった。それから数週間後、X-1の３号機が地上で爆発事故を起こし、EB-50を道連れにしている。X-2の２号機も同じ運命をたどった。B-50は難を逃れたが、X-2のパイロットとエンジニアの遺体は見つからなかった。調査団は純酸素への引火が爆発原因だと考えた。1955年にやはり飛行中の母機EB-50の下で爆発し、焼けたポテトのように落下したX-1Aは、焼けこげてはいたが、事故の真相を知るうえでじゅうぶんな形状のまま回収された。液体酸素タンクの継ぎ目をふさぐガスケットのシーリング材として、ウルマー・レザーと呼ばれる有機物が使われていたが、液体酸素が染みこんだレザーは、少しの衝撃を受けただけで激しい爆発を起こすことが解明されたのである。

## X-1シリーズとX-2には致命的な欠陥が隠されていた。

X-1とX-2の事故原因を究明した結果、とある実験用化学材料が特定された。この教訓を究極のX型機設計に活かしたのが、極超音速機、ノースアメリカン社製のX-15である。

データ
**乗員**：１名
**動力装置**：リアクションモーターズXLR-11-RM-5ロケットエンジン　推力2720kg×１
**最高速度**：2655km/h（1650MPH）マッハ2.44
**翼幅**：8.63m
**全長**：10.89m
**全高**：3.30m
**全装備重量**：7478kg

# X-1/X-2「空中の火の玉」

## 火災事故に もてあそばれた実験機

はっきりした理由もなく爆発する傾向があった初期のX型機は、実験機としての有用性を減少させてしまった。やがて原因は突き止められたが、多くの機体と人命が失われた後であった。

爆発の原因が液体タンクのシーリング材にあると究明されるまで、数機のX-1やX-2が激しい爆発により失われた。

X-1シリーズの胴体部は通常、簡単に超音速に達することで有名な12.7mm口径の銃弾の形状をもとに設計されていた。

研究機に限らないが、当時の高速機はイナーシャ・カップリング（慣性複合）と呼ばれる空力現象に見舞われる危険が高かった。1953年12月、X-1Aに搭乗していたチャック・イェーガーが危うく墜落しそうになったのも、X-2の1号機が空中分解を起こしたのもイナーシャ・カップリングが原因だった。

ロケット推進型航空機のX-1型機は直線翼機が音速を突破できることを立証した。後退翼のX-2型機2機は最高マッハ3に達する高速実験飛行を行ったが、両機とも事故で失われてしまった。

# ベルXP-77
## BELL XP-77

　ベル社は戦時中、三車輪式降着装置を持つプロペラ推進単発戦闘機を製造する唯一のメーカーで、なかでもP-39エアラコブラやP-63キングコブラが有名である。P-39を開発した際、もうひとつの設計案として採用されなかったデザインを、木材など非戦略的素材を中心に使って再設計した戦闘機が小型機、XP-77である。XP-77の機体はプラスチック・樹脂含浸処理をほどこした合板で覆われていた。そのため外板とフレーム構造の接着に使用されたのが釘と接着剤だった。胴体部と主翼は一体成形で、コックピットは防火隔壁の後方に設けられ、エンジンや燃料タンクからパイロットを隔離していた。

設計作業を進めるうちに機体重量が急激に重くなることが判明し、ベル社は将来的にトラブルのもとになりそうだと感じていた。

　試作機6機が発注され、契約締結からわずか6カ月後に第1号機が納入された。構造は単純だったがプロジェクト経費はかさみ、スケジュールは遅れ、試作機の発注数は2機まで減らされてしまった。XP-77は操縦特性に癖があり、期待された性能を下回ることがはっきりした。1944年10月、試作第2号機が背面きりもみに陥り、制御しきれなくなったパイロットは脱出した。2カ月後、このプロジェクトはキャンセルされた。

## ベル社は将来的にトラブルが発生するのではないかと案じた。

流麗でコンパクトなXP-77はレーサーとしては申し分なかったかもしれない。だが迎撃機として見た場合、実戦で必要な武器や装甲を抜きにしても完全な馬力不足であった。

データ
**乗員**：1名
**動力装置**：レンジャーXV-770ピストンエンジン　520hp×1
**最高速度**：531km/h
**翼幅**：8.38m
**全長**：6.97m
**全高**：2.50m
**全装備重量**：1827kg

# ベル XP-77 「不思議な木製飛行機」

## 操作性が悪い理由

XP-77の一番の問題点は重すぎることだった。機体重量のせいで操縦性が不良であり、しかも性能はベル社が期待した水準を大きく下回っていた。

操縦性が悪く、振動がひどくて狭いうえに騒音の大きなコックピットを持つXP-77に対し、テストパイロットは好意的な感想を述べるはずもなかった。

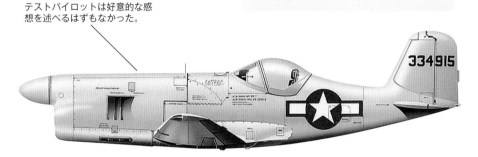

軽量構造とはいえエンジン出力は、わずか520hpしかなく、1940年代の戦闘機の半分にすらならなかった。

XP-77のパイロットの視界は全方向とも良好だったが、長い機首にさえぎられた前方の視界だけが不良であった。

三車輪式降着装置のため地上における取り回しは容易だったが、XP-77の空中安定性はひどく不足していた。

# ブラックバーン・ボーサ

## BLACKBURN BOTHA

ブラックバーン・ボーサは、ドイツ海軍乗組員にとってというよりイギリス空軍のパイロットにとって危険な雷撃機だった。ブリストル・ボーフォートと同条件の要求仕様のもとに設計され、そもそもボーフォートと同じブリストル・トーラス（1130hp）が搭載される予定だったのだが、エンジンの数が不足したことから、880hpとはるかに非力なパーシュウスXを初期の機体に搭載しなければならなかったのだ。パワー不足に加え、1940年に原因不明の事故が立て続けに起こったこともあり、ボーサの評判は最悪のものとなった。

同じパーシュウスながら多少強化されたエンジンに換装し、その他にも改良をいくつか加えた型が作られたものの事故発生率はいっこうに低下しなかった。特に訓練部隊にまわされた後のボーサは、経験不足の訓練生が操縦したからなおさらであった。欠陥があったにもかかわらず、この忘れられた（も同然の）存在だったはずのボーサは580機生産され、少なくとも120機を事故で失っている。

ボーサの事故で最も衝撃的な大惨事は1941年8月27日に起こった。ボーサとボールトンポール・デファイアントがイギリス北西部のブラックプール海岸上空で衝突し、ボーサは尾翼と片翼の大半を失い、きりもみを続けながらブラックプール中央駅の上に墜落、甚大な損害を駅に与え、地上の数人が死亡した。そして不運な両機の乗員も全員が死亡した。

## ボーサの評判はきわめて悪かった。

ボーサは実戦における爆弾や魚雷の攻撃に一度も参加することなく訓練機となったが、連合軍の戦時活動にとって貢献したというより、むしろ害をなしたというべきだろう。

> ### データ
> **乗員**：4名
> **動力装置**：ブリストル・パーシュウスXA　空冷星型ピストンエンジン930hp×2
> **最高速度**：401km/h
> **翼幅**：17.98m
> **全長**：15.58m
> **全高**：4.46m
> **重量**：最高 8369kg

# ボーサ「事故続発の大失敗作」

## なぞに満ちた事故の続発

ボーサがこれほど事故を起こした理由は不明である。エンジン換装を含め、あらゆる改良がほどこされたが、尊い人命はその後も失われていった。

ボーサの翼は短くてテーパーが強く、じゅうぶんな揚力を生まないため、重いものを遠方まで運ぶことができなかった。

コックピットの設計はとてもお粗末だった。パイロットが単独飛行中、燃料タンクのスイッチが知らずに切ってしまうような位置にあり、しかもエンジン始動がしにくいため、短時間でエンジントラブルを起こしてしまうのだ。

エンジンナセルの位置が悪いうえに高翼配置のため、パイロットの側面や後方の視界がさえぎられた。

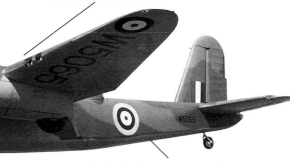

ボーサには空気抵抗の大きいフレーザー・ナッシュ社製背部銃座が搭載されていた。この銃座は多数のサンダーランド飛行艇に採用されたほか、スターリング爆撃機の一部でも採用されている。銃座後方に機銃が2挺、パイロットが操作する前方発射機銃が1挺搭載されていた。

# ブラックバーン・ロック

## BLACKBURN ROC

　ブラックバーン・ロックはふたり乗り海軍戦闘機、ブラックバーン・スキュアの設計をもとに開発され、当初はやはり戦闘機として製作されたが、ただでさえ性能が劣っているというのに、ボールトンポール製の大重量の銃座のせいで、ロックは当時の爆撃機のどれも捕捉できないほどお粗末な存在となってしまった。それほど〝使い物にならない〟飛行機だったのに、ブラックバーン社はロックのフロート付き水上機版を開発した。322km/hを超えるスピードが出ないうえ、方向安定性が不良で、低空での方向転換が致命傷になりかねなかった。ロック水上機は初離陸で墜落した。スキュアそのものは急降下爆撃機として大活躍し、華々しい成果を挙げたが、ロックは対空訓練部隊に回されるか、バミューダなどの作戦地域に追い払われた。

　ロックが実戦に出た記録は少なく、1939年、ロックはオークニーのスカパフローにある海軍軍港の防空任務に就いたこと、ノルウェー作戦の際、空母アーク・ロイヤルから艦隊防空任務を実施したこと、ダンケルク撤退作戦にあたってイギリス海峡を越えて航空支援にあたったこと（このとき第806飛行隊所属のロックがユンカースJu88を撃墜したが、これが同機唯一の戦果であった）のほか、バトル・オブ・ブリテンでは、ブーローニュでドイツ軍の侵攻用舟艇集結基地に対し急降下爆撃を行ったことくらいしかない。

## 低空での方向転換が命取りになりかねなかった。

ボールトンポール・デファイアントと同様、ロックの設計理念もお粗末だった。性能が悪すぎて本来の用途では成果を挙げることができなかった。

### データ
**乗員**：2名
**動力装置**：ブリストル パーシュウスXII 空冷星型エンジン　905hp×1
**最高速度**：359km/h
**翼幅**：14.02m
**全長**：10.85m
**全高**：3.68m
**重量**：最高 3606kg

# ロック「想像を絶する安定性のなさ」

## 最後の活躍の場

〝銃座戦闘機〟ロックは、固定式前方
機銃を搭載した通常の身軽な戦闘機に
はまったく歯が立たなかった。機体に
損傷を受けたロックの中にはバトル・
オブ・ブリテンの際、地上の機関銃座
として使われたものさえあった。

ロックを夜間戦闘機として活用
するという提案は誰からも出な
かった。その任務には、あのデ
ファイアントでさえ活躍する余
地があったというのに。

急降下ブレーキが搭載されてい
たため安定度の高い急降下が可
能で、命中率も高かったが、い
かんせん爆弾の積載量が少なか
った。

重い銃座のせいで安定性は損な
われ、重量と抵抗が増した分速
度が落ち、高々度性能も悪かっ
た。プロペラを大型のものに換
装し、空力的改良を加えたが、
性能はほとんど向上しなかった。

ロックの兵装としては電動式銃
座のみが搭載されていた。一方
スキュアにはブローニング固定
式前方機関銃が4挺、旋回式後
方機銃が1挺搭載されていた。

# ボーイング273（XF7B-1）
## BOEING MODEL 273(XF7B-1)

XF7B-1（モデル273）艦上戦闘機は、全金属製構造、支柱のない（カンチレバー）単葉翼、密閉型コックピットなど、時代の先端技術が導入されていたが、それらは当時の保守的なアメリカ海軍上層部にとって、おそらく急進的に過ぎたのだろう。海軍当局は、複葉機と比べると（比較的）着陸速度が高いこと、視野が狭いことが気に入らなかった。そこでボーイングはスプリットフラップを追加装備し、その後コックピットも開放型に改良したが、いぜんとして海軍には気に入らなかった。急降下試験中にフロントガラスが割れ、機体に過大応力がかかった時点で同機は廃棄処分とされ、海軍は当面複葉機の採用を継続することに決定した。

ボーイングがすでにP-26単葉戦闘機をアメリカ陸軍航空隊向けに製造し、成功をおさめている事実から考えても、モデル273へのアメリカ海軍の態度は信じられないほど短絡的だった。そういわれてみると、イギリス海軍司令部も、単葉機の空母甲板からの運用が成功するかどうか議論を続けていて、結局1930年代後半まで複葉機の利用にこだわっていた。日本海軍は英米ほど保守的ではなく、1936年に単葉機の採用に踏み切った。

ボーイングはその後しばらく海軍向けに戦闘機を設計しなかったが、1944年に開発したF8BもXF7B同様に実用化にはいたらず、1997年以降デリバリーされているF/A-18E/Fスーパーホーネットは、同年に吸収合併したマクドネル・ダグラス社から継承したものだった。

## 海軍は当面複葉機の採用を継続することを決定した。

アメリカ海軍がボーイング273を嫌う理由は山ほどあったが、ほんの少しの改良でもっと素晴らしい戦闘機になったはずだ。

### データ

乗員：1名
動力装置：プラット＆ホイットニー　ワスプ空冷星型ピストンエンジン550hp×1
最高速度：375km/h
翼幅：9.73m
全長：8.41m
全高：2.26m
重量：最高1755kg

# ボーイング273「単葉機の化け物」

アメリカ海軍が真に実戦に役立つ単葉戦闘機を実用化したのは、1940年のグラマンF4Fワイルドキャットからであった。

## 不運は偏見から生まれた

ボーイング273は単葉機への偏見によって採用を見送られた。海軍は初の単葉戦闘機、バッファローの発注まで数年間の猶予を置いた。

初期試験実施後は、抵抗を減らし着陸速度を下げるため、エンジンカウルのコード延長やスプリットフラップへの対応などの改良がほどこされた。

背が低くて枠組みが多いという独特な形状のオリジナルのキャビンは視界が悪かった。ウインドシールドを高くした開放型コックピットに換装されたが、急降下試験中に割れてしまい、同機の寿命をさらに縮める原因となってしまった。

降着装置は〝半格納式〟と説明されていたが、飛行中のほとんどの写真は降着装置が降りたまま写っていた。

# ブレダ.88リンチェ
## BREDA BA.88 LINCE

　流麗なスタイルの爆撃機、ブレダ.88リンチェ（訳注：イタリア語で〝山猫〟の意）は、初飛行直後に最高速度記録を２度塗り替え、ムッソリーニ首相と当時のイタリア国民を喜ばせた。ところが銃、爆弾、兵器、その他の装備品を積み込むと、性能は半分近くまで落ち込んだ。量産型モデルでは双尾翼を採用して試作機の安定不足を解消しようとしたが、それでも片発停止時のリンチェの飛行特性は非常に危険だった。

　リビア砂漠派遣用にサンドフィルターを装着した機体はエンジンがオーバーヒートし、爆撃高度や編隊を維持するだけの出力が出せなかったため、襲撃作戦をキャンセルせざるを得

ないこともあった。1940年末にはいったん退役し、1943年になって翼幅を広げ、新型エンジン（ただし出力は低下した）を搭載し、兵装も強化するなど、再就役のための改良計画が試みられたが、終戦によって断念された。

　ブレダ.88は２個の独立戦闘グループ（Gruppi Autonomo Combattimento）に納入され、１個がサルディニア基地、もう１個がイタリア中部に配備された。1940年６月10日、イタリアは他国に遅れをとりつつも第２次世界大戦に参戦したが、サルディニア基地に配備されたブレダ.88がコルシカのフランス軍基地を何度も攻撃した。ブレダ.88は、第２次世界大戦時のイタリア航空産業で最大の失敗作となってしまった。

## エンジンがオーバーヒートし低いパワーしか出せなかった。

ブレダ社のリンチェ爆撃機はムッソリーニの命令によって急ピッチで生産が進められ、1940年６月に初陣を果たした。

| データ | |
| --- | --- |
| 乗員 | ：２名 |
| 動力装置 | ：ピアッジオ PXI RC.40 空冷星型ピストンエンジン　1000hp×2 |
| 最高速度 | ：485km/h |
| 翼幅 | ：15.60m |
| 全長 | ：10.78m |
| 全高 | ：3.10m |
| 重量 | ：6,750kg |

# ブレダ.88リンチェ「目を覆わんばかりの大失敗作」

不適切なエンジンを採用したせいで、ブレダ.88のすぐれた設計はまったく活かされなかった。

## 期待を裏切られおとり役へ

ブレダ.88の爆撃作戦の戦績があまりに期待はずれだったため、同機は即座に退役させられ、北イタリア戦線のみで使われた。初出撃から5カ月で、ブレダ.88は敵の偵察機を欺くおとり用の固定目標として使われることになったのだ。

Ba.88は、爆弾1000kg、機関銃4挺（前方固定3挺、旋回式後方射撃用1挺）を搭載していた。

床面の窓はパイロットが爆弾の狙いを定めるのに役立った。このクラスの爆撃機では、専任の爆撃手が搭乗するのが普通だった。

近代的な外見ではあったものの、実はスチールチューブの骨組みに薄い軽金属製外板を張るという古い構造が採用されていた。同時代の軽爆撃機は外板が強度を担う、モノコック構造のものが大半であった。

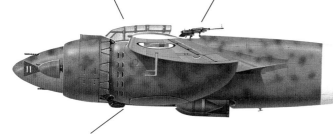

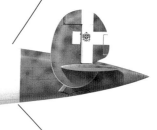

1943年、翼幅を広げ、急降下ブレーキを設置し、フィアットA.74エンジン（840hp）を搭載した改良型Ba.88Mの試験が行われた。

爆弾は爆弾倉か、胴体下面の半露出式ラックのいずれかに搭載できた。

# ブリュースターF2Aバッファロー
## BREWSTER F2A BUFFALO

　恰幅のいい体躯のバッファローは、第2次世界大戦中最悪の戦闘機として名をはせた。戦闘機としては重すぎ、武器は少なく、運動性でも他の戦闘機に劣ることが多かったが、うまく使えば非常に有能だったとも考えられる。アメリカ海兵隊所属のバッファローはミッドウェー海戦でほんのわずかの間使われただけだった。

　イギリス空軍とイギリス連邦軍に供与されたバッファローは、シンガポールで日本軍の中島「隼」戦闘機を相手に善戦したが、数の上ではまったくの劣勢だった。組織がお粗末なうえ、早期警戒システムがなかったため、敵の襲来前に上空で待機することはなく、戦闘に加わってもいつも低い高度から戦いを始めなければならなかった。

バッファロー部隊の姿はあっという間に空から消えてしまった。

　フィンランド空軍はバッファローの軽量型であるF2A-1を採用し、ソ連軍との継続戦争（第2次世界大戦）に使用したが、優れたパイロットの技量と戦術により、初期のソ連戦闘機に対し、圧倒的な勝利をおさめた。フィンランド空軍のトップ・エースパイロット、イルマリ・ユーティライネンは継続戦争でバッファローに搭乗し、36機を撃墜している。彼がバッファローに搭乗していたのは1940年から1943年までで、その後メッサーシュミット109Gに変更した。ユーティライネンは合計94機を撃墜した。戦闘中一度も被弾しなかったという驚くべき逸話も残している。

## バッファロー部隊の姿はあっという間に空から消えた。

アメリカ海軍初の単葉機、バッファローは、海外の空軍から（善くも悪くも）注目された。

### データ
**乗員**：1名
**動力装置**：ライトR-1820サイクロン空冷星型エンジン　1100hp×1
**最高速度**：470km/h
**翼幅**：10.67m
**全長**：7.92m
**全高**：3.68m
**最大重量**：3100kg

# バッファロー「太った獣」

フィンランド軍へのバッファロー供与は1939－1940年の〝冬戦争〟には間に合わなかったが、その後のソ連軍との継続戦争では見事にその役目を果たした。

## 戦闘には不向き

バッファローは各国空軍からいくつかの評価を得た。あるイギリス人パイロットは〝良い飛行機（操縦性など）だが戦闘には不向き〟との感想を述べたが、フィンランド軍パイロットの多くはそれを否定している。

F2A-3では装甲板を追加しても基本性能が一切損なわれなかったため、日本軍の戦闘機相手に善戦できたかもしれない（訳注：ミッドウェーで零戦に完敗したのはF2A-2/3の混成だった）。

フィンランド軍はバッファローにじゅうぶん満足していたことから、木製の翼とソ連製エンジンに換装したフム（無鉄砲）という改造型を設計した。試験飛行で満足のいく結果が出ず、試作機が1機製作されただけに終わった。

武装は7.62mm径と12.7mm径の2挺の機関銃のみ。大半の輸出用モデルにはブローニング12.7mm機関銃が4挺搭載されていたが、イギリス空軍のように弾丸を半分に減らして機体重量を減らすこともあった。

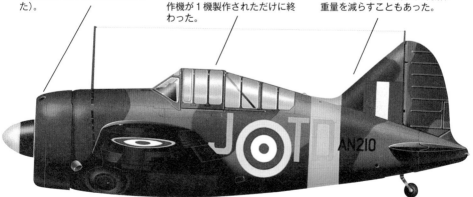

# ブリストル188
## BRISTOL 188

〝燃える鉛筆〟と呼ばれることもあるブリストル188は、超音速維持飛行に適した構造の研究、特にアブロ730偵察機開発支援を目的として設計された。飛行機を最低30分間、マッハ2.6の速度を〝持続させる〟実験を成功させるよう求められたのである。条件を満たすには、機体構造の大部分をステンレス・スチール製とすることが必須であり、機体作りには革新的な技術とともに膨大な出費が必要だった。

プロジェクトの費用総額は2000万ポンドと巨額なものとなったが、目的は達成されなかった。その後エンジンの機能を向上させる程度までプロジェクトの規模は縮小された。ブリストル188のテストパイロット、ゴッドフリー・オーティは、同僚たちから〝次年度の緊急脱出候補ナンバーワン〟に選ばれていたが、ありがたいことにその栄誉を受けずに済んだ。

ブリストル188がつくられるそもそもの理由となったアブロ730プロジェクトは、未来志向の軍用機プロジェクトのほとんどをキャンセルし、ミサイルに換えてしまった、悪名高き防衛白書の犠牲となった。アブロ730はマッハ2以上の速度で飛行する世界初の実用型偵察機になるところだったが、プロジェクトは中止され、機体は分解されてアブロ社工場の巨大な金属廃棄場に送られてしまった。

## テストパイロットは〝次年度緊急脱出候補ナンバーワン〟に選ばれた。

ステンレス・スチール製のブリストル188のデザインは確かに未来を予感させる。同機が完成するころ、データを提供するはずの航空機（アブロ730）の製作がキャンセルされていた。

### データ
乗員：1名
動力装置：デハビランド ジャイロン ジュニア PS.50 アフターバーナー付き ターボジェット 推力6350kg×2
最高速度：マッハ1.88
翼幅：10.69m
全長：23.67m
全高：3.65m
重量：不明

# ブリストル188「燃える鉛筆」

離陸速度は483km/hに達した
が、それ以外の速度は要求され
た数値を下回り、マッハ2.0を
達成できるのはほんの2分程度
だった。

## マッハ2の壁を越える

皮肉なことに、1964年にマッハ2をゆ
うに越える性能を持つ長距離偵察機ロ
ッキードSR-71Aの試作機を成功させた
のはアメリカだった。

188には新方式の溶接プロセ
スで結合した新型ステンレス・
スチールが必要だった。構造材
として発注できるようになるま
でに、新型ステンレススチール
の開発のため、2年という月日
を要した。

PS.50（改良型ジャイロン ジ
ュニア）エンジンの直径は胴体
部より大きかったが、ブリスト
ル188に目標速度を出させる
だけの推力を持ったエンジンは
開発されなかった。

燃料の容量は通常、高速飛行も
含め、20－25分の飛行がかろう
じて可能な程度だった。エアラ
インの基準で考えると、ブリスト
ル188は離陸前から燃料不足の
非常事態という状況だったのだ。

# カプロニ・カンピーニN.1
## CAPRONI CAMPINI N.1

1939年、発明家のセコンド・カンピーニは、カプロニ社が自分が考案した新型動力装置に合った機体を製作するよう説得することに成功した。彼はその装置がプロペラを必要としない画期的なものと信じて疑わなかったのだ。ドイツとイギリスの科学者たちがガスタービンエンジンをテストしていた頃だったにもかかわらず、カプロニ社はガスタービンエンジンが実用性に欠けると判断していた。N.1は1940年に初飛行を成功させ、世界初のジェット機ともてはやされた時期もあったが、実はそうではなかった。パワーのもととなるのは胴体部前方内部に装備された、比較的小型のピストンエンジンで、今日でいうダクテッドファンのような可変ピッチの圧縮器を回転させるのである。推進ノズル内で圧縮気に燃料が吹き込まれ、不完全なアフターバーナーのような燃焼により、ささやかな推力が生まれる。このようなエンジンを搭載したN.1の速度は375km/hに過ぎず、フィアットCR.42複葉機よりも劣っていた。

N.1は試験飛行は何度も成功させている。1941年11月30日にはテストパイロットのマリオ・デ・ベルナルディが、委託された郵便袋を乗せてミラノからローマまで飛び、さらにピサで給油した後合計270km、平均時速209kmの飛行実験を成功させたが、画期的な偉業とはとうてい言えないものであった。イタリア空軍はギドニア研究施設でその後も飛行試験を続けた。N.1の１機はその後イギリスがテストを引き継ぎ、評価完了後スクラップにされた。

## 世界初のジェット機ともてはやされた時期もあったが実はそうではなかった。

FAI（国際航空連盟、本部：フランス）はN.1を世界初のジェット推進航空機と認定したが、実は彼らの知らぬ間に、ハインケル178が純粋のジェット機として、1939年にひそかに飛行していたのだ。

### データ
**乗員**：2名
**動力装置**：イソタ フォラスキーニ星型エンジン900hp×1により3段のファン圧縮機を駆動
**最高速度**：375km/h
**翼幅**：15.85m
**全長**：13.10m
**全高**：4.70m
**重量**：4195kg

# カンピーニ N.1「パワーがまるでない」

試作機2機が製作され、2機目はローマ北部のビーニャ・ディ・バッレにあるイタリア航空史博物館に展示されている。

## 平凡な性能

より強力なスーパーチャージャー付きエンジンを積んでいれば、N.1の月並みな性能になんらかの影響があったかもしれないが、戦時体制の圧力により、開発は打ち切られてしまった。

N.1のエンジンシステムには高温コンプレッサー部分がなかった。冷たい圧縮空気をダクトに送り、ジェット燃料と混ぜて燃焼させ、推進力を得る構造になっていた。

N.1のピストンエンジンは馬力が低く、ダクテッドファンがうまく働いたとしても高度4000mを超えることはできなかった。

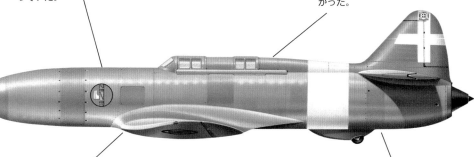

翼はできるだけ低い位置に、コックピットはできるだけ高い位置に設置し、深く埋め込まれたエンジンにストレートに空気流入が行われるよう設計されていた。

アフターバーナー（訳注：現代のジェットのアフターバーナーとは異なる。字義通りの後燃焼）の活用によって燃料消費は飛躍的に増大したが、最高速度は40km/hほど上がっただけだった。

# カプロニ・スティパ
## CAPRONI-STIPA

　ダクテッドファンの原理は今ではよく理解されている。両端を的確なテーパーで細くしたダクトの中央に、抵抗が小さく強力なエンジンを配置することが求められる。効率を上げるには多数枚のプロペラか、近代的な高バイパス・ターボファンエンジンに見られるようなファンが必要である。太いチューブの中にタイガーモスのエンジンを配置してもうまくいくはずもない。イタリア政府所属の技術者、ルイジ・スティパは、胴体部をチューブ状にすると、従来型エンジンやプロペラでも推進力を大きく増大させることができると考え、カプロニ社にそれを立証する航空機の製作をもちかけたのだった。その結果完成したカプロニ・スティパの胴体部分は、まるまると太い環状であり、そこにはジプシーエンジンと2枚のプロペラが配置してあった。こうした配置は大きな空気抵抗と低騒音をもたらしただけで、とりえといえば着陸速度が68km/hに下がったことだけだった。他の性能は同程度の動力装置を搭載した通常型機体よりも劣っていた。

　1995年、オーストラリア人の航空機愛好家だった、グイド・ズッコリは、この並はずれて風変わりな飛行機のレプリカ製作に乗り出した。実物大では大きすぎてウルトラライト（超軽量機）としての資格を満たせないため、ズッコリは65％スケールのレプリカを製作した。ズッコリ本人は1997年の航空機事故で亡くなったが、プロジェクトは彼の未亡人、そして同機の製作者であり、試験飛行にも参加したブライス・ウルフが遺志を受け継いだ。

## タイガーモスのエンジンを太いチューブの内部に配置してもうまくいくとは限らない。

奇妙な形をしたカプロニ・スティパは、角度によってはジェット機にも見えるが、デハビランド社のタイガーモスをダメにしただけとしか言いようがない。フランスのとある企業が双発版を計画したが、実現していない。

---

**データ**
**乗員**：2名
**動力装置**：デハビランド・ジプシーⅢ 直列4気筒エンジン 120hp×1
**最高速度**：131km/h
**翼幅**：14.28m
**全長**：5.88m
**全高**：3.00m
**全備重量**：800kg

# カプロニ・スティパ「太ったカプロニ」

カプロニ・スティパのレプリカは、わずか数回の短時間飛行を終えたのち、オーストラリアで展示品となり、その後飛び立つことはなかった。

## 設計上の失敗

カプロニ・スティパは、チューブ型胴体部が大きな推進力を出すとの構想をもとに製作された。だが実際には抵抗が増大し、騒音が減っただけであった。そして、それ以外の設計上の失敗が生じていたのだ。

スティパは胴体部外側は揚力を生むよう設計されていると主張していた。全揚力の37%が胴体によるものといわれていた。

パイロットと乗客は胴体上部に乗せられたコックピットに乗らなければならなかった。同機の設計面での致命的欠陥は、機内のどこにも人や物を積み込むスペースが捻出できそうにないところにあった。

コックピット周囲の外板を丘状に盛り上げたために視界が大きく妨げられた。このためパイロットや乗客は離陸時と着陸時に片側に寄って視界を確保しなければならなかった。

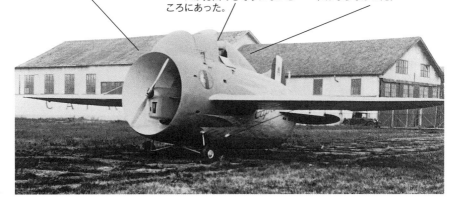

# コンベア YF-102 デルタ・ダガー

## CONVAIR YF-102 DELTA DAGGER

　コンベア YF-102 は世界初の超音速デルタ翼戦闘機となるはずだったが、風洞実験による予測がひどく楽観的であることが判明し、音速を超えることがまったくできなかった。一時はパニック状態となったが、〝エリアルール〟、すなわち翼部付近の胴体の断面積を小さくすると抵抗力が極小化されるという新理論の発見によって救われた。全長を長くし、エリアルールに従って機体に隆起を追加する改造を加えると、YF-102A はあっさりとマッハ 1 を突破した。そして成功作

F-102A 戦闘機のベースができあがったのである。YF-102 に大改造が必要となったことから、試作機と同じ製造設備で量産型を生産するという新しい計画は完全に壊れてしまった。その結果、購入した製造機械設備 3 万点のうち 3 分の 2 が廃棄されることになった。

　F-102A 初号機は 1955 年にアメリカ空軍に納入されたが、ADC（防空軍団）部隊に配備が開始されたのはそれから 1 年後である。1958 年 4 月まで製造が続けられ、875 機デリバリーされたが、機体の戦闘能力を高めるための大規模な改造がその後も何度か行われた。

The YF-102（上）にはやっかいで経費のかさむ欠陥があることが判明したが、空力学研究に貢献した。抗力が減る胴体を"細腰"にする設計（下）は、その後製造された超音速飛行機の多くに採用された。

## 超音速飛行はできなかった。

> **データ**
> **乗員**：1 名
> **動力装置**：プラット＆ホイットニー XJ57-P-11 アフターバーナー付きターボジェットエンジン　推力 6580kg×1
> **最高速度**：1327km/h
> **翼幅**：11.60m
> **全長**：15.97m
> **全高**：5.48m
> **最大装備重量**：11,975kg

# デルタ・ダガー「やっかいな欠陥に悩まされる」

YF-102の直系の発展型であるF-106
デルタダートは、胴体と垂直尾翼が再
設計され、どの点においても非常に優
秀な航空機となった。

## デルタ・ダガーの改良版

その後も赤外線目標捕捉機能を持つ装備を追
加搭載するなどの改良が重ねられた。ベトナ
ム戦争ではF-102がアメリカ空軍の主要基地
の防衛用として使われた。

超音速で飛行するため、オリジ
ナルのYF-102は全長を長くし、
胴体中央部を絞り後部にバルジ
を追加して断面積がスムーズに
変化するように設計を変えた。
このように隆起させた形状は
〝マリリン・モンロー〟型、ま
たはコークボトル型と呼ばれる。

ジェット/ロケット複合動力イ
ンターセプターとして計画さ
れ、のちにジェットのみのデル
タ翼研究機となったXF-92を
ベースとして開発されたのが
YF-102である。

YF-102のキャノピーは太いフ
レームで構成されており、形状
としては第2次世界大戦初期の
戦闘機に近い。おそらくコンベ
ア社は風防ガラスの面積を広く
取っておくと、超音速飛行での
圧力に耐えられないと考えたの
であろう。

# カーチスXP-62
## CURTIS XP-62

大量生産されたP-40の後継機として
カーチス社は多くの試作戦闘機を開発
したが、いずれも実用化されることな
く終わっている。なかでもズングリし
た外形のXP-62は、P-40のデザインに
まったく基づかないモデルだった。第
2次世界大戦中に開発された通常型の
ひとり乗り戦闘機では最大で、大きい
といわれたP-47Dサンダーボルトより
も自重が850kg近く重かった。速度は
P-47を上回ったが、上昇率や上昇限度、
航続距離では及ばなかった。1941年6
月に発注されたが実際の飛行は1944年
初めまで行われず、最大の売りである
はずの与圧式操縦席も装備されていな
かった。100機の発注が試作機1機ま
で減ってしまい、試験飛行はわずか数
時間を記録するだけで終わった。P-40

の後継機開発の失敗は、カーチス社
の航空機生産部門終焉の一因となり、
XP-62は、栄光あるカーチス製ひとり
乗りプロペラ機の名を冠した最後のモ
デルになった。

XP-62は本来の設計概念を立証する
機会にまったく恵まれなかった。初飛
行のころにはアメリカ陸軍航空隊は戦
闘機製造プログラムを確立しており、
XP-62が搭載する予定だった与圧シス
テムがなくても高空ですぐれた性能を
発揮する、P-38やP-47、P-51といった
モデルの製造が主力となっていたのだ。
原型機は完成に向けて作業が進められ
たが、同機を待っていたのは、フライ
ング・テストベッドという用途だった。

## 100機の発注が試作機1機まで減ってしまった。

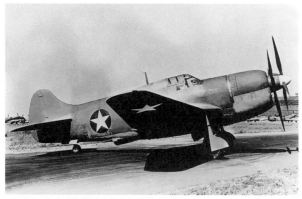

XP-62は与圧式操縦席を装備した初期の戦闘機のひとつだったが、さ
まざまな理由で実用化が遅れたため、操縦席の完成を待たずにスクラ
ップと化してしまった。

**データ**
**乗員**：1名
**動力装置**：ライト R-3350
サイクロン空冷星型ピスト
ンエンジン　2300hp×1
**最高速度**：721km/h
**翼幅**：16.35m
**全長**：12.04m
**全高**：4.95m
**全備重量**：6650kg

# カーチスXP-62「フライング・テストベッド」

強力なライトR-3350エンジン、与圧
システムその他を搭載したXP-62は、
優美な飛行機とはほど遠い。

## 戦闘機テクノロジー

カーチスXP-62は重すぎるせいで落胆するほ
ど上昇速度が遅く、試作機が完成するころ、
戦闘機の技術ははるかに先を進んでいたのだ。
生産計画の中止が決定した後は、もっぱら新
型二重反転プロペラの試験用として使われた。

翼部に20mm機関砲が4門か
8門装備される予定だったが、
実装されることはなかった。

先輩格のP-40とは外見上の類
似点は全くない。実のところ急
降下爆撃機SB2Cヘルダイバー
との共通点のほうが多い。

同機設計から初飛行までの間に
戦闘機の開発は進歩していた。
1944年になると、フレームが
多く後方の視界も悪いキャノピ
ーは時代遅れだった。

# ダッソー・バルザック

## DASSAULT BALZAC MIRAGE IIIV

　1960年代、NATOは速度マッハ2が可能なVTOL（垂直離着陸）戦闘機という要望を出したが、それに見合った概念設計が実現可能かを立証するため、ダッソー社はミラージュⅢ試作機001号機を改造し、ⅢVの1号機を製作した。バルザックという愛称は、フランスの大手広告代理店の電話番号〝BALZAC001〟にちなんだものである。エンジンはアター・ターボジェット1基から小型のターボファンエンジンに換装し、垂直上昇用として、8基ものジェットエンジンを搭載した。ミラージュⅢVは垂直離着陸と超音速飛行を達成しているが、1回の飛行で両方は実現できなかった。2号機では速度マッハ2に達したものの、垂直上昇用のエンジンは搭載しない状態の時であった。同機は112回目の飛行となっ

た1964年1月に墜落し、フランス人テストパイロット1名が死亡した。機体を作り直して試験は続けられたが、1965年9月に行われた179回目の飛行で燃料切れを起こし、アメリカ空軍の交換パイロットが亡くなっている。

　当初は試験飛行が成功すれば、ミラージュⅢVの最初の部隊を1966年に結成する予定だった。皮肉なことに、ミラージュⅢVの兵器システムや量産機用として開発されたTF-306エンジンの試験に使用されたダッソーの別設計版、ミラージュF2のほうが、本質的に攻撃戦闘機として大きな可能性を持っていると判明したのだ。最終的に実用化されたのはF2をいくらか小型化したミラージュF1で、垂直離着陸以外はミラージュⅢVに期待された機能をすべて備えていた。

## 112回目の飛行ではフランス人テストパイロット1名が死亡した。

ミラージュⅢV2号機は致命的な墜落事故を2度起こした数少ない事例である。エンジンの積みすぎによる燃料不足が、2度目にして最後の事故を引き起こしたことは間違いない。

### データ

**乗員**：1名
**動力装置**：プラット＆ホイットニー/スネクマ　TF-106アフターバーナー付きターボファン　推力7600kg×1
**リフトエンジン**：ロールスロイスRB162-1ターボジェット　推力2000kg×8
**最高速度**：マッハ1.32
**翼幅**：8.72m
**全長**：18.00m
**全高**：5.55m
**全備重量**：13,440kg

# ミラージュⅢV

## ミラージュⅢV「超音速垂直離着陸機という幻想(ミラージュ)」

バルザックには上昇用エンジンとして
イギリスのロールスロイス社製軽量型
エンジンRB162、前方への推進エン
ジンはP&Wとスネクマとの技術提携で
作られたTF-106が採用された。

### 全くの幻想(ミラージュ)

ミラージュⅢVは（他機とは違う形式ではあ
ったが）垂直離陸を達成し、音速飛行もなん
とか成し遂げ、当初プロジェクトは成功した
かのように思えた。だが、致命的な墜落事故
を何度か起こしてしまった。

ミラージュⅢVの設計概念には
欠陥があったが、コクピットの
レイアウトや電子系統の大半が
ミラージュFIシリーズでも使わ
れ、成功をおさめた。

胴体部は標準型ミラージュⅢC
よりも長く、主翼は付け根に向
かうにつれてカンバーが大きく
なる設計で、弱い捩り下げ効果
を生んだ。

ミラージュⅢVは、ジェット機
として記録的な数のエンジンを
搭載している。それらの大部分
はミッション中にはデッドウエ
イトとなり、装備や燃料用のス
ペースが犠牲になっていたので
ある。

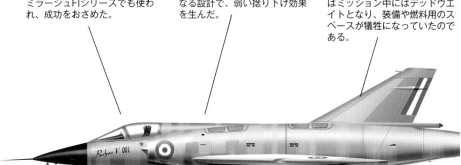

# ドルニエDoX

　印象的だが不運だったドルニエDoX12発飛行艇は実質的に空飛ぶ豪華客船であった。それは100名の乗客を乗せて、非常に贅沢な大西洋横断旅行を可能とするために製作された。1930年に1回だけ行われた、アメリカに向けての壮大な飛行では、火災による主翼損傷を修理するためリスボンに1カ月足止めされ、その後、艇体の損傷修理を行うため、カナリア諸島でさらに3カ月滞在した。こうした事故、そして本来の運用高度に上昇できなかったことなどから、南アメリカ経由でニューヨークに到着するまで9カ月を要したが、最短ルートを選んだ復路はわずか5日で到着した。合計移動時間およそ9カ月という期間は、北極経由で徒歩で行ったほうが速かったかもしれない。DoXはイタリア向けにもう2機製作されたが、商業用に使うには不経済であることが立証された。ベルリンに展示されていたDoXの現物はイギリス軍の空襲によって焼失した。

　初飛行を成功させた1929年7月25日の時点で、DoXは間違いなく世界最大の航空機だった。その年の10月には、169名を乗せて1時間の飛行を成功させた（そのうち9名が密航者だったという記録は、現在でも破られてはいないだろう）。世界をめぐるデモンストレーション飛行は1930年11月2日、フリードリッヒスハーフェンから始まり、アムステルダム、イギリスのカルショット、ボルドー、リスボン、カナリア諸島、ボロマ、ケープベルデ諸島、フェルナンド・デ・ノローニャ、ナタール、リオ・デ・ジャネイロ、アンティグア島、マイアミ、ニューヨークをまわった。

## 南アメリカ経由でニューヨークに到着するまで9カ月を要した。

DoXの華々しい最終飛行の終着地は、大恐慌時代を迎えたドイツだった。

**データ**
乗員：10名
動力装置：カーチスV-1570コンカラー ピストンエンジン　640hp×12
最高速度：210km/h
翼幅：48.00m
全長：40.00m
全高：10.10m
重量：最高 123,459kg

# DoX「空飛ぶ豪華客船」

ドルニエ社のほかの飛行艇は、ルフト
ハンザの南大西洋路線やほかの路線で
重用された。

燃費は毎時1818リットル。南
アメリカからの復路、DoXは
海上に着水しなければならなく
なり、残り10kmは滑水により
ようやくポルトガルに到達する
ことができた。

## 大西洋周遊クルーザー

DoXは完成した当時世界最大の航空機だった。
非難をはねかえし、大西洋横断を達成したも
のの、アメリカでは買い手が見つからなかった。

満載状態になると、最高速度は
たったの160km/hだった。

初期段階でジーメンス製作のブ
リストル・ジュピターエンジン
が馬力不足だと判明し、カーチ
ス・コンカラーに換装した。い
ずれにせよ、後ろ向きのエンジ
ンが過熱する傾向は改善されな
かった。

3層のデッキにはラ
ウンジ、喫煙室、バ
スルーム、キッチン、
ダイニングルーム、
個室の寝室用キャビ
ンを備えていた。

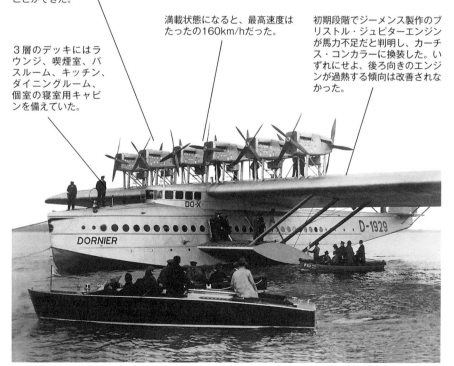

# ダグラスXA2Dスカイシャーク
## DOUGLAS XA2D SKYSHARK

初期のジェットエンジンがパワー不足だったころ、ターボプロップエンジンがパワープラントとして注目された時期があった。だがジェットエンジンが改良されるまでに、ターボプロップ エンジン搭載の戦闘用航空機を文字どおり成功させた航空機メーカーはなかった。なかでも失敗作として有名だったのが、このスカイシャークだった。機体設計にはどこにも問題はなかったものの、XT40エンジンのトラブルには終始悩まされた。特にギアボックスを確実に機能させることは不可能だった。その他ベアリングの不良や排気口付近の外板が過熱するといったトラブルも起こった。朝鮮での戦局が激化した中、アメリカ海軍とダグラス社は、評判のよかったスカイレイダーを優先的に生産するよう方針を転換した。開発は続けられたが、ダグ

ラス社の試験機5機中、3機までがギアボックスやプロペラのトラブルで失われた。その間にジェットエンジンの機能はターボプロップのそれを上回り、ダグラス社は1954年からXA4Dスカイホークの試験を開始した。同機はその後50年以上も現役であり続けたのである。

スカイシャークがトラブルを起こし、XT40ターボプロップを開発させた海軍としては次に同エンジンを搭載する機体を探していたが、リパブリック・アヴィエーション社が、ターボプロップエンジン搭載バージョンのF-84Fサンダーフラッシュを開発するという形で落ち着いた。リパブリック社はXF-84Hというモデル3機を製作する契約を空軍とのあいだに結んだ。同機が初飛行を行ったのは1955年7月22日だった。

## XT40エンジンのトラブルにはおおいに悩まされた。

スカイシャークは12機製造されたが、エンジンが搭載されたのは8機だけだった。

### データ
乗員：1名
動力装置：アリソン XT40-A-2 ターボプロップ　5100shp×1
最高速度：806km/h
翼幅：15.53m
全長：12.66m
全高：5.24m
重量：最大 10,414kg

# スカイシャーク「一度も噛みつくことがなかった鮫<sup>シャーク</sup>」

ダグラスAD-1 スカイレイダーの後継機として設計され、先代のコンポーネンツを可能なかぎり使った。

## ピストンから
## ジェットへ

スカイシャークはピストンエンジンからジェットエンジンへの移行期に橋渡し的役割を果たすために作られたが、トラブル続きで開発が遅れるあいだにジェット機の開発が完了してしまい、結局実用化にはいたらなかった。

ある試験飛行でプロペラが完全に脱落したことがあった。パイロットはエンジンパワーがありながら、推進力がまったくないという状況で、みごとに着陸を成功させた。

操縦席からの視界はスカイレイダーよりも悪かったが、パイロットに射出座席が用意されていたことだけが救いだった。

プロペラ制御機構はスーツケース大のブラックボックスに信頼性の低い25本の真空チューブをおさめた構造で、絶えずトラブルを発生した。

# ダグラスX-3スティレット
## DOUGLAS X-3 STILETTO

　地上にいるだけで音速を超えられそうなX-3スティレットだが、実際に飛んでみるとようやく超えられる程度だった。アメリカ空軍や海軍、NACA（NASAの前身）は、この途方もない研究機にこぞって投資したが、実質的な成果はほとんど得られなかった。予測された飛行条件を満たすためには、X-3の製造過程でさまざまな新技術や新素材が求められ、とりわけ高価なチタニウムが大量に使われた。

　X-3の第一の目的は超音速飛行の空力学的なテストだった。この技術は1951年、ロッキードが開発中だった斬新な迎撃機設計に生かされることになっていた。朝鮮戦争でさまざまな教訓を得た結果、戦闘機の設計ががらりと変わりつつある頃でもあった。その迎撃機、すなわちF-104スターファイターが初飛行を遂げたのは、1954年2月、XF-104試作機製作契約を取り交わしてからわずか11カ月後のことだ。

　X-3はマッハ2.2まで飛行可能なよう設計されていたが、実際にはダイブによりマッハ1.21を達成するのがやっとだった。このため空気摩擦熱に関する研究目標はほとんど達成されなかった。アメリカ空軍はX-3の試験飛行を6回実施しただけでNACAに引き渡した。NACAで20回程度の試験飛行を経たのち最終的に博物館送りとなった。

---

**データ**
乗員：1名
動力装置：ウェスティングハウス　J34ターボジェットエンジン　推力1910kg×2
最高速度：1,136km/h
翼幅：6.91 m
全長：20.35m
全高：3.81 m
全備重量：10,160kg

---

## アメリカ空軍はX-3の試験飛行を6回実施しただけでNACAに引き渡した。

X-3のエンジンとして採用されたウェスティングハウスJ34は、宣伝どおりの性能を発揮しなかった。

---

# X-3スティレット「博物館の展示品以外の用途ゼロ」

1952年10月20日、テストパイロットのビル・ブリッジマンが初飛行を行った。

## エンジントラブル

X-3は高速・高々度飛行を目的に製作されたが、同機もやはり、使い物にならないウェスティングハウス社製エンジンに足を引っ張られた多数の機体のうちの1機となり、3機製作する予定の試作機は1機に減らされてしまった。

パイロットの射出座席は下向きに脱出する構造である。操縦席に出入りしやすいよう、座席は電動式で上下するようになっている。

X-3の機体表面にはストレイン・ゲージと温度・圧力の記録ポイントが取り付けられていた。実際の飛行回数は少ないが、有意義なデータを収集し、チタニウムによる機体製造技術を進歩させた。

予想される高温に耐えられるようガラス部分は極力最小限にとどめる設計であったため、パイロットの視界は非常に限られていた。

# ハンドレページ・ヒアフォード

## HANDLEY PAGE HEREFORD

　空飛ぶスーツケースと呼ばれたハンドレページ・ハンプデンにネピア社のダガーエンジンを搭載したのがヒアフォード爆撃機である。ハンプデンの第1回製造契約にあたって、バックアップ機として発注された。騒音が激しい新開発のH型空冷エンジンは地上ではオーバーヒートを起こし、上空では、逆に急速に冷えて止まってしまった。しかも通常の整備は、ハンプデンのペガサス星型エンジンよりはるかに複雑だった。新型エンジンにもかかわらず性能面で勝るところがどこにもなかったのである。1940年から翌年の昼間爆撃作戦で、ハンプデンとヒアフォードは高速で優れた武器を搭載したドイツ空軍の戦闘機に完膚なきまでに叩き落とされ、急遽夜間作戦用にま

わされてしまった。（ハンプデン部隊で）実戦に出たヒアフォードは非常に少なかった。残りの機体は訓練用にまわされ、まもなく（わずかだが）ましな仲間たちにその座を譲った。

　1939年8月から1940年4月、第185飛行隊が最初にヒアフォードを配備された。だが彼らは訓練部隊であり、1940年4月5日に第14作戦訓練飛行隊に統合されるまで一度も実戦に参加したことがなかった。ダガーエンジンでは失敗したが、ネピア社はこれより大型の24シリンダーH型エンジンの開発に乗り出し、H型エンジンでは最強の部類に属するセイバーを世に送り出した。セイバーはホーカー社のタイフーンやテンペストなどの戦闘機に採用された。

## 通常の整備ですら複雑だった。

ハンプデン爆撃機も時代遅れで大きな成功を収めたとはいいがたいが、そこから派生したヒアフォードは、どう考えても完全な失敗作である。あまりにひどい出来なので、その多くはハンプデンに作り直されてしまった。

### データ

**乗員**：4名
**動力装置**：ネピア ダガーⅦ H型24気筒エンジン955hp×2
**最高速度**：（ハンプデン）409km/h
**翼幅**：21.08m
**全長**：16.33m
**全高**：4.56m
**重量**：（ハンプデン）最大8508kg

# ヒアフォード「ただの訓練機」

その後少数のヒアフォードは、雷撃機と
してソ連に輸出され、北極海を航行中
のドイツ艦船を攻撃したこともあった。

## 絶望的だったヒアフォード

ヒアフォードとハンプデンは実戦では絶望的
な機体だった。高速で高性能な敵機とまとも
に渡り合うことができなかったのだ。そのた
め早急に訓練機に格下げとなった。

外見上はハンプデンよりもエン
ジンのカウリングが長く、外翼
の上反角が大きいという違いが
ある。

胴体部は狭くるしく、熱が籠も
りやすいので長時間の任務はと
ても不快だったうえ、乗組員は
飛行中にポジションを変えるこ
とすらできなかった。

ヒアフォードとハンプデンはス
ライド式キャノピーがついたパ
イロット1名分の操縦席が設け
られていたが、〝風になびく
髪〟の雰囲気を味わうため、キ
ャノピーを開けたまま飛ぶこと
もあった。

ダガーエンジンの
排気騒音は周波数
が高く、乗員をイ
ライラさせること
が判明した。

# ハインケルHe177グライフ

## HEINKEL HE177 'GREIF'

　第2次世界大戦下のドイツで、He177グライフ（グリフォン）は、戦略爆撃機として完成間近の段階にあった。機体自身の欠陥と、ルフトヴァッフェ（ドイツ空軍）の方針のため、どんな敵にたいしても決定的な打撃を与えるほどの大編成で出撃することはなかった。アブロ・マンチェスター同様、グライフも急降下爆撃を任務のひとつとするよう計画されたため、ほかの爆撃機より強固な機体となるはずだったが、初期の機体は、飛行中構造上の欠陥を起こすというトラブルに悩まされていた。

　抵抗を減らすため、DB601を左右1対組み合わせて共通のクランクシャフトを駆動する複合エンジンDB606を2基搭載していた。当初採用された表面蒸発放熱システムが非力であったため、後に通常のラジエーター方式に変えられたにもかかわらず、内側となったシリンダーバンクはたびたび過熱し、火災を起こした。またこのように強力なエンジンから生まれる強烈なトルクと、長い胴体が組み合わされた設計の機体は離着陸時に横滑りを起こしやすく、墜落や破壊につながった。細かな欠陥が多数発見されたが、修正できたのはごく一部だった。

## 内側のシリンダーバンクはたびたび過熱し発火した。

He177は1700機以上製造されたが、12機以上で編隊を組んで作戦に加わることはなかった。火災や故障で実際に目標に到達できた機体は少なく、目標から戻って来られない機体もあった。

### データ

**乗員**：5名
**動力装置**：DB 606液冷ピストンエンジン　2700hp×2
**最高速度**：488km/h
**翼幅**：31.44m
**全長**：22.00m
**全高**：6.39m
**全備重量**：31,000kg

# He177 グライフ「戦略を持たない戦略爆撃機」

He177の主要な任務のひとつは、ヘンシェルHs293ミサイルを使用した艦船攻撃であった。

## 原子爆弾投下機候補でもあった

1942年、1機のHe177試作機がプラハにあるレトフ工場に向けて飛び立った。主翼を取り外し、爆弾倉の容積を広げ、ドイツ初の原子爆弾を搭載できるよう改造したのではないかといわれている。

外観ではわからないが、He177は4発爆撃機である。エンジン室には2基のダイムラー・ベンツDB601エンジンを組み合わせたDB606が搭載されていた。後発機ではDB605を2基組み合わせたDB610（2950hp）が装備された。

その後に提案された設計ではエンジンを4基独立させており、かなりの欠陥が改良されるとみられたが、1943年になると戦局も変わり、実現にはいたらなかった。

He177の中にはミサイル搭載装置を装備したものもあり、HS293ミサイルやフリッツX滑空誘導爆弾で連合軍艦隊を攻撃し、かなりの戦果を上げた。

防御武装は強力だった。後期のモデルでは銃座や背面ゴンドラの抵抗減少が図られ、20mm機関砲5門、7.62mm機関銃を3挺搭載していた。

# ヒラーHJ-1ホーネット
## HILLER HJ-1 HORNET

当初民間市場での販売を目的とし、価格は5000ドル程度、主回転翼の翼端にラムジェットエンジンを搭載した小型ヘリコプターだった。1956年、アメリカ陸軍向けにHOE-1、H-32と命名され、弾着観測や前線偵察などの用途に使用するための試験が実施された。偵察機にしてはエンジン音が大きく、敵から容易に察知されるうえ、エンジン排気炎が遠距離からも確認できるなど、ホーネットは今でいうところの〝ステルス技術〟が欠けていた。ヒラー社は「ホーネットの騒音域は標準エンジン搭載機よりも狭い」と主張していたが、機内通話装置がなければパイロット同士は怒鳴らないと会話が成り立たなかった。ホーネットは17機製造され、その中から飛行可能な唯一の機体を所有する博物館で最終飛行を行ったところ、2.4km離れた近隣住民からうるさ

いと苦情が寄せられた。

ラムジェットエンジンの抵抗が大きいため、無動力の際には回転翼を負の角度に設定せざるをえず、そのためホーネットはオートローテーション中に秒速15mの速度で急降下しなければならなかった。このような急降下で地面に衝突する直前にフレアできるのはよほどの熟練パイロットだけである。

チップジェットを使用する構想は、第2次世界大戦当時ドイツ統制下にあったウィーンの、ヴィナーノイシュタット飛行機製造所という軽量飛行機メーカーの設計部勤務、フリードリヒ・フォン・ドーブルホフが考案した。ドイツ海軍の要請で試作機2機が製作され、試験飛行には成功したが、飛行記録を重ねるうちに、チップジェットの燃料消費量が法外に高いことが判明した。

## パイロット同士は怒鳴らないと会話が成り立たなかった。

ホーネットは遠方までエンジン音が聞こえるうえ、先端が光るという決定的な理由により、偵察機としてまったく役に立たなかった。

### データ
**乗員**：2名
**動力装置**：ヒラー8RJ2B
ラムジェットエンジン
45hp×2
**速度**：130km/h
**ローター径**：7.00m
**全高**：2.10m
**重量**：490kg

# HJ-1ホーネット「ハチのひと刺しほどの威力すらなかった」

ヒラー社がホーネットを公開したのは
1951年2月、同社は当時1機5000ド
ルで販売する予定だった。

## 頓挫した計画

ホーネットは陸軍が採用を拒否
し、17機のみが製造された。ヒ
ラー社では、ターボジェット4
基搭載の直径100mのローター
を持つリフティングクレーン・
ヘリコプターを計画していたが、
実現にはいたらなかった。

ホーネットはさ
まざまな種類の
燃料が使えた
が、タンクには
25分、または
65km飛ぶだけ
の燃料しか積め
なかった。

トルクによる反動のないラムジ
ェットエンジンシステムの採用
によってテールローターが不要
になり、ホーネットの機構部は
非常にシンプルになった。

ローター先端に推進装置を装備
すると、ローターの回転と逆方
向に機体本体を回転させるトル
クが生じないという長所がある。

# ヒューズXF-11

## HUGHES XF-11

リパブリック社のXF-12レインボーと同じ仕様を満たす目的で設計されたXF-11は、1943年、ハワード・ヒューズが秘密裏に飛行を成功させた謎の戦闘機、D-2をスケールアップさせたものだといわれていた。XF-11はP-38ライトニング戦闘機を大型化させたのかというほど似ており、高々度からの写真偵察に特化されてデザインされていた。やはり完成が遅れていたスプルース・グースと同様、開発プロジェクトを早く終わらせるよう議会から圧力をかけられ、XF-11の初飛行はハワー

ド・ヒューズ本人が操縦した。処女飛行だというのに予定の時間を大幅にオーバーし、プロペラ1基が逆ピッチに陥るまで飛び続けたため、XF-11はビバリーヒルズの空き家の上に墜落した。ヒューズは頭部に怪我を負い、一命を取りとめたものの、精神面は完治していなかったといわれている。2機目はアメリカ空軍が評価したが、経費はXR-12（1948年名称変更）レインボーの倍であるうえ、操縦が難しく、性能面でも劣っているとみなされ、プログラムは終了した。

## XF-11はビバリーヒルズの空き家の上に墜落した。

ハワード・ヒューズはXF-11であやうく命を落としかけた。ヒューズはこの事故を機に精神のバランスを失ったという意見もある。XF-11はたしかに欠陥はあったが、アメリカ空軍は1950年代、同機クラスの偵察専用機を採用できたはずだった。

データ

**乗員**：2名
**動力装置**：プラット＆ホイットニー R-4360-37星型ピストンエンジン　3000hp×2
**最高速度**：不明
**翼幅**：30.78m
**全長**：20.15m
**全高**：不明
**重量**：最大 26,444kg

# ヒューズXF-11「2度目の試験飛行に賭けた結果……」

本機は非常にクリーンなデザインで、アスペクト比の高い低抵抗の主翼という設計は、その後10年以内に実用化されたロッキードU-2を彷彿とさせるものだ。

## 安定した失敗作

XF-11はきわめて安定性の高い機体であると認められ、高速での横操縦性には優れていたが、低速時の操縦特性にはまだまだ改善の余地があった。

XF-11の第1号機には8枚の可逆ピッチ2重反転プロペラが装備されていた。墜落を招いたのは右舷エンジン上のリアプロペラが反転したためではないかと考えられている。

燃料の大半が長いテールブームのなかに格納されていた。

XF-11には2人乗り操縦席と大型のカメラノーズが搭載されていた。XF-12とは異なり、フィルム処理装置は搭載されていなかった。

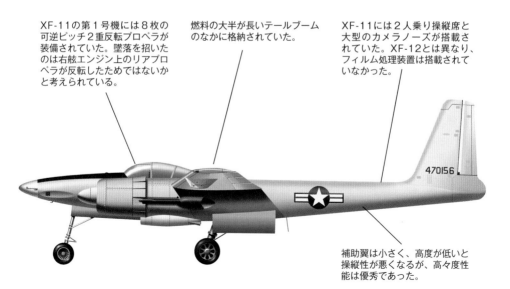

補助翼は小さく、高度が低いと操縦性が悪くなるが、高々度性能は優秀であった。

# マクドネルF3Hデーモン

**MCDONNELL F3H DEMON**

デーモン米海軍艦上戦闘機の原型機は、試験飛行の結果、安定性や前方の視界が悪く、ロールレートが低いことが判明した。初期生産モデルF3H-1Nでこうした不具合を修正したものの、ウェスティングハウスJ40エンジンは信頼性も悪ければ性能も低く、生産済み58機の大半が飛行せずに終わった。その多くが、工場から直接はしけで沿岸基地に送られ、地上訓練機として使われたのである。F3H-2/2NになってエンジンをJ40からJ71に換装したが、推力は限られていた。改良されたアフターバーナー・システムを装備した結果、安全に着艦できる程度の推力がようやく出せるようになったが、事故の発生率は、近代の基準では信じられないほど高かった。

デーモンの原型機、XF3H-1の初飛行は、1951年8月7日、セントルイスで行われた。前記のように評判のいい機体ではなかったが、何回かは見事な飛行を成功させている。例えば1955年2月13日、F3H-1Nデーモンは、71秒で3000mまで上昇するという非公式記録を打ち立て、同年9月にF3H-2Nはノンストップ、無給油で、メキシコの太平洋沖合に停泊していたアメリカ空母シャングリラからオクラホマシティまでの1927kmの距離を、わずか2時間13分で飛んでいる。

## J40は信頼性も悪ければ性能も低く、生産済み58機の大半が飛行することはなかった。

油圧のリークがひんぱんに起こってはいたが、デーモンも後期型になるとそれほど悪い戦闘機ではなくなった。ただ、部隊運用されるようになっても、過去の悪評は拭い去ることはできなかった。

### データ

乗員：1名
動力装置：4アリソン J71-A-2Eアフターバーナー付きターボジェット　推力4400kg×1
最高速度：1,116km/h
翼幅：10.77m
全長：17.96m
全高：4.44m
重量：15,377kg

5555555555

# F3Hデーモン「脆さの証明」

デーモンは1954年8月に最後の1機がVF-161戦闘飛行隊から引退するまで、海軍の第一線に残っていた。

## お粗末な飛行特性

空母搭載迎撃機として設計された初期型F3Hデーモンの性能はお粗末きわまりないものであった。そのほとんどが部隊配備されることなく終わった。ただデーモンで得られた教訓は、次のF-4ファントムⅡでおおいに活かされることになったのである。

デーモンの胴体は、プラット＆ホイットニーのJ57のように大型で高性能のエンジンを搭載できるほど広くなかった。他社、特にダグラスは設計段階で〝大型エンジンへのバージョンアップ〟に対応できるようにしていた。

初期のデーモンで搭載していたJ40エンジンは雨天飛行中、急に作動を停止することで知られていた。推力が低すぎてすぐに低速飛行状態になってしまうため、エンジン再始動を行うこともできないことがしばしばあった。

後期のバージョンは強力で信頼性の高いエンジンを搭載していたが、純粋の迎撃機としてだけでなく、多目的機として使おうとすると、追加された装備によって性能が落ちてしまうことになった。

# メッサーシュミットMe163

## MESSERSCHMITT ME 163 KOMET

Me163コメートは、世界初にして唯一の実用ロケット推進戦闘機である。試作機Me163Aの初飛行は1941年8月だったにもかかわらず、量産型Me163Bが実戦に投入されたのは1944年2月で、軍当局の無関心が開発計画遅延の一因となった。素晴らしい高性能を持っているにもかかわらず、コメートは4分間の動力飛行が可能なだけの燃料しか積めなかった。揮発性が極めて高い燃料を飛行中に混合させるため、配合を間違えるとすぐに爆発した。燃料プラントが爆撃で破壊されたため、Me163部隊は戦争終結までの数カ月間、ひどい状況に置かれることになった。さらには敵戦闘機による攻撃や飛行場外着陸トラブル、着陸時の墜落事故もあり、稼働可能な機体やパイロットの数は作戦を追うごとに減っていった。

量産型機はライプチヒ近郊のブランディスに拠点を置き、南西90km先のロイナにある石油精製施設の防衛が主な任務となった。コメートの飛行拠点は当初、連合軍爆撃機のドイツへの接近ルート上にあったが、やがて連合軍側は賢明にもブランディスを迂回するルートをとるようになり、ロイナで迎撃しようにも、コメートの航続力では不可能という事態となった。

## コメートは4分間の動力飛行が可能なだけの燃料しか積めなかった。

航続距離がわずか40kmのコメートにとっては、ポイントディフェンスだけが可能であった。戦闘が終わったパイロットは、着陸を成功させるという、作戦上もっとも危険な任務に直面した。

| データ | |
|---|---|
| 乗員 | 1名 |
| 動力装置 | ヴァルターロケットエンジン　推力1700kg×1 |
| 最高速度 | 960km/h |
| 翼幅 | 9.40m |
| 全長 | 5.85m |
| 全高 | 2.76m |
| 全備重量 | 4310kg |

## Me163 コメート「爆発的な高性能」

揮発性の高いロケット燃料の安全性を
向上するため、絶え間ない改良が続け
られた。だが成功したとはいえず、胴
体の壁面タンクから燃料が操縦席に漏
れてくると、パイロットは文字通り蒸
発してしまった。

### 最後の抵抗

〝土壇場に立たされた〟ドイツ空軍のほかの航
空機とは違い、コメートは並外れた操縦能力が
要求された。このためベテランパイロットの不
足が、燃料供給や機体生産の遅れとともに、本
機の実戦参加を制限することになった。

強力だが発射速度の遅い30mm機関砲が搭載さ
れていた。パイロットが照準を合わせて発砲する
までの時間がほとんどなく、あっという間に目標
のそばを通り過ぎることになる。それでも1発か
2発当たれば爆撃機を撃墜するのにじゅうぶんで
あった。

離陸滑走には2輪式トロリーが
使われ、離陸後すぐに切り離さ
れる。着陸の際には引き込み式
のスキッドを使うが、地面の凹
凸による激しい振動により、未
燃焼の燃料が混合し、発火する
原因にもなった。

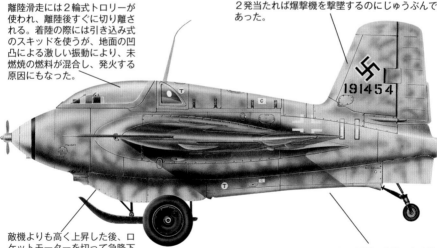

敵機よりも高く上昇した後、ロ
ケットモーターを切って急降下
攻撃に入り、その後再点火して
上昇するという戦術を採ってい
た。燃料を使い果たすと滑空機
となるため、戦闘機からの攻撃
にたいして脆弱となってしまっ
た。

コメートの燃料は非常に腐食性
が強く、有機物（パイロットな
ど）を急激に溶解した。こうし
た事態を防ぐためパイロットは
アスベスト繊維でできた特別製
の飛行服を着用した。

# メッサーシュミットMe 321/323

## MESSERSCHMITT ME321/323 GIGANT

メッサーシュミット社の大型対ソ連侵攻用グライダー、ギガント（訳注：当初は対英国侵攻用として計画された）の設計は、わずか14日間で完了した。オリジナル機のMe321が離陸するにはロケットブースターと、Me110曳航機3機が必要で、離陸用のドリーは重量と抵抗を軽減するため投下式となっていた。こうした複雑なアレンジのせいで事故は絶えず、乗員4名と搭乗部隊120名が全員死亡するという事故も起こった。運用を簡単にするため動力化バージョンMe323が作られることになり、Me323では、入手可能なエンジンの中でも最安値、かつ小型のものを採用し、10輪の降着装置を装備した。積載量は大幅に減ったが、その代わり実用性は高まった。

何度か前線に送られた結果、Me323ギガント（訳注：巨人の意）は、戦闘機どころか中型爆撃機からの攻撃にも弱いことが判明し、同機で構成された鈍重な輸送機部隊が撃墜されて大勢の死者を出す〝大虐殺〟が数回起こった。中でも最大規模の損害となったのは1943年4月22日、北アフリカ軍団向けに燃料を満載した第5輸送航空団（TG5）の16機のMe323編隊が、チュニジアのケープ・ボンで、イギリス空軍スピットファイヤー2個飛行隊、南アフリカ空軍のキティホーク4個飛行隊の迎撃を受けた。14機のMe323が打ち落とされて粉々になり、240トンの燃料とTG5の乗員140名を失った。生存者はわずか19名だった。

## 戦闘機はもちろんのこと中型爆撃機からの攻撃にも弱いことが判明した。

数々の戦いに投入されたものの、敵の戦闘機から標的にされやすく、パイロットや乗員にとっては死と隣り合わせの任務であった。

**データ**
乗員：10名
動力装置：ノーム ローン
14N ピストンエンジン
1140hp×6
最高速度：253km/h
翼幅：55.00m
全長：28.50m
全高：9.60m
重量：45,000kg

## Me 321/323 ギガント「鈍重なクジラ」

北アフリカでの作戦行動を終えて生還したMe323は対ソ連戦線へと移り、1944年なかばまで物資の輸送任務に使われていた。

### 訓練用標的には最適

当時としては先端を行くところもあった輸送機だが、Me323が威力を発揮したのはドイツ空軍が制空権を取ったときだけである。制空権がなければ動きの鈍いクジラ同然で、その多くが破壊されてしまった。

６発機のMe323でも、満載時はロケットエンジンの力がなければ離陸できなかった。前線の急造飛行場にロケット燃料を補給し続けるには常に困難が伴った。

大きな容積を持つ胴体、観音開きの機首のドアなど、他国の輸送機に先んじた設計が施されており、ギガントはある意味すばらしく進歩的な機体でもあった。制空権が確立してさえいれば、北アフリカとソ連の戦線でも大いに役立ったことが立証されている。

カーゴキャビンにはパンツァーIV戦車１台、または兵士120名、あるいはストレッチャーに乗った負傷者60名分の積載量があった。1万7700kgの爆弾を搭載した試験飛行を行ったこともあったが、飛行中に分解してしまった。

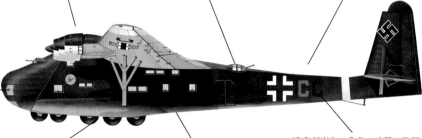

機体の大部分が鋼管骨組みに布を張った構造だった。損傷を受けてもつぎを当てれば簡単に補修できるため〝絆創膏爆撃機〟というあだ名がつけられた。

降着装置はばね仕掛けになっており、整備されていない滑走路に降り立っても機体が水平に保てるようになっていた。

速度が出ないうえ、攻撃に脆弱だったため、さまざまな台座や銃座を使って最大６挺の機関銃を搭載した。機関砲11門、機関銃４挺を搭載し、護衛任務用として提案された機体の試験が行われている。

# パーシバルP.74
## PERCIVAL P.74

P.74は新型式ヘリコプターの技術実証機として設計された。チップジェット（ローター端噴出）の原理で動作するが、ヒラー社のホーネットのように各ローター先端にラムジェットエンジンを搭載する構造ではなく、キャビン床下にガス発生器を配置し、圧縮空気を3本のダクトから3枚ブレードのローターに送り込み、先端の排気ダクトから噴出させる方式を採用していた。

数カ月にわたる地上静止試験の結果、フルパワーやガスフローの最高値が出せないなど、動力システム上の欠陥が多数見つかった。こうしたトラブルを解決し、初飛行が行われることになった。非常に動きの固い操縦装置を使って2名のパイロットが操作しようとしたが、P.74は頑として飛ぶのを拒んだ。

同プロジェクトに参画したエンジニアによると、顧問の設計者が揚力計算式の選択を誤ったらしい。データの整合性をすべて計算し直したが、P.74は浮上できないことがわかり進退窮まった。実のところは、飛行場から人目に触れないところに運ぶよう命令がくだり、それ以後、P.74の噂は誰の耳にも入ってこなくなった。

P.74の試験飛行を行う目的でフェアリー社から一時出向を命じられた2名のパイロットは、操縦室から脱出する手段がないも同然の事実を知って困惑した。1956年の4月から7月まで行われた地上滑走試験中に、予測可能な問題点がすべて噴出したのだった。

## 数カ月試験した結果、動力システム上の欠陥が多数見つかった。

卵のような形をしたP.74は、さまざまな計算ミスにみまわれ、一度も空を飛ぶことなく終わった。パーシバル社はその後、ヘリコプター開発に関わることはなかった。

---

データ

**乗員**：2名、乗客8名
**動力装置**：ネピア オリックス NO.1ガス発生器 754shp×2
**最高速度**：（予測値）177km/h
**ローター直径**：16.76m
**全長**：不明
**全高**：不明
**全備重量**：3515kg

---

# パーシバルP.74「頑として飛ぶのを拒んだヘリコプター」

おかしなことに、パーシバル社はP.74を実際に操縦するパイロットについて全く検討していなかったため、フェアリー社からテストパイロット2名の出向を要請せざるをえなかった。

## パーシバル社の製造中止モデル

P.74がキャンセルになった時点で、ハンティング・パーシバル社は大型12人乗りモデルの開発図面も完成していたが、P.74におよそ300万ポンドを費やした後でもあり、こちらの計画も頓挫した。

高圧ガス発生エンジンはキャビンの床下に設置され、高温で騒音の激しいガスパイプが座席横の壁面を通っていた。

通常のヘリコプターとは異なり、ローターブレードはハブのアクチュエーターではなく、後縁のエルロンでコントロールする。またピッチはスクリュージャッキで制御されていた。

翼端のジェット噴射でローターを回転させるP.74はトルクがほとんど発生せず、非常に小型のテールローターで方向制御を行う。

ヘリコプター業界の合理化により、大出力のロールスロイス社製RB.108タービンエンジンに換装する計画は頓挫した（このエンジンなら、P.74を空に浮かばせたはずである）。オリックスエンジンを採用し、乗客10人乗りモデルとして提案されたP.105は製作されずに終わった。

テストパイロットは「コックピットや操縦装置、エンジン制御装置は、パイロットからの意見を一切取り入れることなく設計されていた」と述べている。

降着装置は車輪4組でできており、前方の2基はキャスター式である。

操縦席付近に乗降用ドアや脱出用ハッチは用意されていない。胴体左舷後方のドアが唯一の出入口である。

# リパブリックXF-84H

戦闘機向けジェットエンジンの優位性は、1950年代半ばになっても一部から疑問の声が上がっていた。近代技術が生み出したタービンプロペラエンジン（ターボプロップ）は高速で航続性能に優れ、着陸速度も落とせるという長所があった。XA2Dスカイシャークの不具合に悩まされていたアメリカ海軍はXT40複合型ターボプロップエンジンを搭載する別の機体を探していたが、リパブリック・アビエーション社はF-84Fサンダーストリークにターボプロップエンジンの搭載が可能だという結論に行き着いた。

リパブリック社は、XF-84Hと名付けた航空機3機を改造する契約を受注した。そのうち2機はさまざまな超音速プロペラ試験用として空軍に引き渡され、3機目は海軍にXT40の試験用として納入される計画であった。1号機のXF-84H、51-17059は地上試験のためエドワーズ空軍基地に送られたが、XT-40エンジンが相次ぐトラブルを起こし、その騒音の激しさは〝とんでもなく不快な悲鳴〟と形容され、同機には〝サンダースクリーチ〟（訳注：サンダー〝雷〟はリパブリック戦闘機の象徴、スクリーチは金切り声）というニックネームがつけられた。

それだけではない。エアロプロダクツ社が開発した超音速プロペラからのひどい振動と共振のせいで、付近にいた全員が激しい吐き気をもよおしたのだ。こうしたトラブルを起こしながらも、1955年7月22日、XF-84はついに飛行を成功させた。だがエンジントラブルは依然として続いたため、海軍と空軍の両方が間もなくプロジェクトを中止した。

2号機はテストプログラムに参加したものの、3号機は途中で製作が中止された。1号機はその後40年間、カリフォルニア州のベーカーズフィールド空港に展示されていた。プロペラはゆっくりと（騒音を立てることなく）電動モーターにより回されていた。

## 超音速プロペラはひどい振動を起こした。

表向きにはF-84Fを改造したことになっていた2機のXF-84Hだが、基本的には新造の航空機であり、先代よりもずいぶん重くなっていた。速度は予想を下回ったが、プロペラ機の記録はかろうじて更新した。

データ
乗員：1名
動力装置：アリソンXT40-A-1ターボプロップエンジン　5850shp ×1
最高速度：837km/h
翼幅：10.18m
全長：15.67m
全高：4.67m
重量：8123kg

# リパブリックXF-84H「すさまじい金切り声」

この間2機のXF-84Hが12回の飛行を行っているが、そのうち2度は緊急着陸している。

## 万能の勝利者誕生

スカイレイダーの後継機を求めていたアメリカ海軍の要望は、ターボプロップ機ではなく、ターボジェットエンジンを搭載した万能の勝利者、ダグラスA-4スカイホークによって叶えられた。

ターボプロップエンジンはコックピットの後方に搭載され、長い延長シャフトでプロペラを駆動した。

コクピット後部の小型フィンは偏揺れ制御の助けとなった

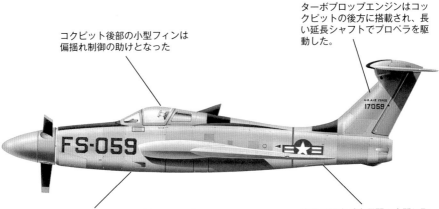

プロペラからの強力なトルク力に対処するため、さまざまな仕様変更が求められた。左エンジンのエアインテークは右よりも30cm前方に設けられ、フラップは差動操作できるよう改造された。

水平尾翼を垂直尾翼の中間に取り付けたF-84Fサンダーストリークとは異なり、XF-84Hにはプロペラ後流を避けるためT型尾翼型式が採用された。

# リパブリックXF-91

## REPUBLIC XF-91 THUNDERCEPTER

　XF-91は説明書なしでも組み立てられそうなプラモデルのようにシンプルな外観だが、ジェットエンジンとロケットエンジンの両方を搭載しているほか、主翼にもユニークな設計が行われていた。ポイントディフェンス要撃戦闘機を想定して設計されたが、機体のほうが、XLR-11ロケットエンジンよりもかなり早く完成した。XLR-11はテストスタンド上でも飛行中も、爆発事故を起こしやすいという不安があった。だが、このロケットエンジンを積んだ試験飛行の結果、目標最高速度マッハ1.4に達する前に機体のほうが粉々になりそうなことが判明した。処女飛行ではジェットエンジンが離陸直後に停止し、大惨事を回避するために、ロケットエンジンが使用された。同機の航続時間は、わずか25分し

かなく、しかも武装は機関砲とロケット弾だけであったから、その防空範囲は非常に狭いエリアに限られることになった。

　それでも1952年12月、ジェットエンジンとロケットエンジンの両方を使い、水平飛行でマッハ1.0以上の速度を出すことに成功している。同機の後退角付きの尾翼は、その後〝バタフライ型〟（V字型）尾翼ユニットに換装され、垂直尾翼が撤去された。XF-91に対しては量産機の発注はなく、2機製作された試作機は、その後しばらくもっぱらエドワーズ空軍基地での研究開発活動に供された。現在では1号機がデイトン近郊のライト・パターソン空軍基地内にある、空軍博物館に展示されている。

## 目標最高速度に達する前に粉々になってしまうだろう。

すべての準備が整った1952年、ロケット戦闘機の要求は破棄された。

### データ

**乗員**：1名
**動力装置**：ゼネラル エレクトリック J47-GE-3ターボジェットエンジン　推力2360kg×1
リアクションモーターズ XLR11-RM-9 ロケットエンジン　推力680kg×4
**最高速度**：1,812km/h
**翼幅**：9.52m
**全長**：13.18m
**全高**：5.69m
**全備重量**：10,890kg

## XF-91サンダーセプター「空恐ろしい一発屋」

サンダーセプターは軍の作戦構想が二転三転し、多種の軍用試作機が少数ずつ製作され、短期間の試験の後、破棄されていた時期に誕生した機体である。

### 高くついた失敗作

リパブリック社の航空機は一度も見栄えのよさが評価されたことがなかったが、中でもサンダーセプターは（名前からして醜悪だが）とりわけぶざまだった上、500万ドルと、1950年代初期にしては高額の費用を費やしたのであった。

F-84から派生した他の機体とは異なり、XF-91には2輪式の主脚が備えられていた。

XF-91は直線翼のF-84Gのように機首にシンプルなエアインテークがあったが、後に試作1、2号機ともエアインテークは下部に移動し、機首にはレーダーが搭載された。

主翼は逆テーパー型で、翼の付け根より先端のほうが幅広いデザインだった。

主翼は取り付け角も飛行中に変更可能で、離着陸時に迎え角を大きくし、高速飛行時には迎え角を低く設定できた。

# ライアンFR-1ファイアボール

## RYAN FR-1 FIREBALL

　ライアンFR-1ファイアボールは第2次世界大戦中の通常型戦闘機の尾部に小型ジェットエンジンを詰め込んだだけのデザインだった。ファイアボールは火の玉の意だが航空機の炎上時の形容にも用いられる縁起の悪い言葉である。本機はアメリカ海軍が未知の動力だったジェットをおっかなびっくりで空母運用に使おうとして開発された戦闘機だった。ゼネラル・エレクトリック社のJ31エンジンは、ファイアボールの飛行中を通じて使われるというよりは、発艦時や高々度性能向上のブースターとして用いることを目的としていた。初期試験を終えたFR-1は、尾翼を大きく設計し直すよう求められ、いかにもジェット機風だった当初の尾翼は、すぐに大型で平凡な形のものに換装された。

　エンジンの組み合わせを変えた改良型、FR-2とFR-3が大量に発注されたが、大戦の終結とともにキャンセルされてしまった。FR-1の1機はウェスティングハウスJ34（推力1540kg）を搭載した試験機XFR-4に改造され、試験飛行が行われた。しかしウェスティングハウスのエンジンは、ピストンエンジンと組み合わせるにはオーバーパワーで、しかも不具合を頻発した。

　原型のXFR-1は1944年6月25日に初飛行に成功し、1945年3月には量産型FR-1が初めてVF-66（第66戦闘飛行隊）に配備された。同機は離陸や発艦、上昇、戦闘時にジェットエンジンとピストンエンジンの両方を使用し、通常の飛行中と着陸時にはどちらかのエンジンをシャットダウンすることができた。ライアン社がXFR-1で採用した混合動力機の設計は、カーチス・ライト社に影響を与え、XF15C-1複合エンジン試作戦闘機が開発された。

## ウェスティングハウス・エンジンはピストンエンジンと組み合わされ、トラブルを頻発した。

ウェスティングハウスJ34はファイアボールには大きすぎるパワーをもたらした。

### データ

乗員：1名
動力装置：ライト R-1820-72Wサイクロン空冷星型ピストンエンジン　1425hp×1、GE J31ターボジェットエンジン　推力725kg×1
最高速度：686km/h
翼幅：12.19m
全長：9.86m
全高：4.15m
全備重量：4806kg

# FR-1ファイアボール「縁起の悪い名前を背負い」

当時の基準から見れば複合エンジン搭載の艦上戦闘機は型破りだったが、純粋なジェット機は空母運用にに向いていないという間違った思いこみのせいで生まれたものだった。

## ぶざまなデザインの尾翼に

FR-1の尾翼は、当初非常にあかぬけたジェット機風だった。だが、この翼では安定して飛べないことが試験飛行で判明し、より一般的な形状の翼に交換された。

ピストンエンジンは主に離着艦に使われ、巡航飛行中は時々シャットダウンされた。FR-1がプロペラをフェザリングさせながら飛行しているのがわかる写真が数多く残されている。

FR-1の翼断面は高速飛行に最適化された層流翼である。設計当初からこの翼が選択された艦上戦闘機は本機が最初である。

高速でダッシュする能力にすぐれていたため（比較的だが）、FR-1は神風特攻隊の攻撃に対する防衛用に最適とみなされていた。だが最初の飛行隊が作戦可能となると同時に戦争が終結した。

# ヴォートF6U-1パイレート

## VOUGHT F6U-1 PIRATE

　ウェスティングハウスJ34エンジン搭載の航空機を、というアメリカ海軍の要望に応え、ヴォート・エアクラフト社は凡庸極まりないF6Uパイレートを開発し、ジェット時代に向け、とりあえず最初の試験的一歩を踏み出した。ウェスティングハウス製エンジンの中でも風采の上がらないJ34が搭載された。エンジンにアフターバーナーが装備されたときでさえ、パイレートの性能は〝合格点を下回る〟といわれた。アフターバーナーを搭載するため胴体を長くした結果、横方向の安定性不良が生じた。操縦性の悪さを改善するには、大幅な改良が合計5カ所必要だった。木材と金属をラミネート加工した素材を機体構造の多くの部分に使うという試みは、製造が困難である上、損傷にも弱いことがわかった。パイレー

トは、できあがった時点ですでに時代に乗り遅れていたのだ。合計65機が発注されたが、製造までいたったのは30機にすぎず、その大半が、戦闘で損傷を受けた際の修理実習など、地上訓練機として用いられた。

　パイレートは、実はアメリカ海軍のジェット戦闘機原型で初めて飛行にまでこぎつけたモデルである。3機の原型機のうち1号機が初飛行したのは1946年10月2日、ノースアメリカン社が設計したライバルのFJ-1フューリーよりも7週間前のことである。だが、アメリカ海軍がジェット戦闘機として初めて実働部隊に配備したのはFJ-1フューリーであり、パイレートの最初の量産機が飛んだのは、FJ-1が就役した18カ月後のことだった。

## 操縦性の悪さを改善するには
## 大幅な改良が合計5カ所必要だった。

4年にわたる飛行試験の結果、アメリカ海軍はパイレートが戦闘機として役に立ちそうにないと判断し、その後艦隊飛行隊には一度も配備することはなかった。

**データ**
**乗員**：1名
**動力装置**：ウェスティングハウス J34-WE-30 ターボジェットエンジン　推力1920kg×1
**最高速度**：959km/h
**翼幅**：10.14m
**全長**：11.61m
**全高**：3.97m
**最大重量**：5850kg

# ヴォートF6U-1「最悪の海賊」

<ruby>パイレート</ruby>

F6Uは、本質的にピストンエンジン戦闘機として設計された機体にジェットエンジンを積んだデザインだった。

## パイレートとセイバー

ライバル機のFJ-1フューリーは、翼を後退翼に換装した後、史上最高の名機として名高いジェット戦闘機、F-86セイバーの原型となった。

レーダーなど、作戦用アビオニクス機器を一切搭載していなかった。空力的にも全く洗練されていないデザインだ。

主翼と尾翼にはジュラルミンとバルサ材をサンドイッチ構造にしたメタライトという素材が外板として使われていた。その他の部分にはバルサ材にグラスファイバーをラミネートしたファブリライトという素材が使われていた。

後部胴体延長によって生まれた横安定不良という問題点の解決策として水平尾翼に小型の垂直安定板を追加した。

# ヴォートF7Uカットラス
## VOUGHT F7U CUTLASS

　伝統的に保守的な海軍ではあったが、戦闘機の開発で空軍に遅れを取ったと気づいたことから、1946年に、無尾翼、後退翼、双垂直尾翼という斬新な設計のカットラスを発注した。当時としてはずば抜けた空力的性能を備えていたが、機構的には複雑な航空機となった。最初に作られた3機の原型、XF7U-1はすべて墜落して失われた。またカットラスは空母適合性試験でも不合格となり、初期のモデルは試験機より1段階前の〝実験〟機に指定された。設計を1からやり直した量産型のF7U-3は、航続性能が悪く、徹底した整備が必要であった。カットラスは油圧システムが複雑、エンジンの挙動が不安定であ

る、降着装置が脆弱であるといった欠点を持っていたが、それらにも増して射出座席の信頼性が低い点が問題だった。

　トラブルを多々抱えてはいたものの、カットラスにはいくつか自慢できる部分があった。超音速飛行を達成した初の量産型海軍機であり、超音速のスピードを出しながら爆弾が投下できた最初の機体でもあった。だが事故損失率は驚異的だった。5万5000飛行時間中事故が78回発生し、うち21回で死者が出ており、1万時間あたりの事故件数は17件、ちなみに米海軍の戦闘用航空機の平均事故件数は1万時間あたり9.81件だった。

## エンジンの挙動が不安定で、降着装置が脆弱だった。

カットラスは〝もっとも危険な米海軍戦闘機〟と呼ばれた。

データ

**乗員**：1名
**動力装置**：ウェスティングハウス J46-WE-8Aアフターバーナー付きターボジェットエンジン　推力2090kg×2
**最高速度**：1095km/h
**翼幅**：11.70m
**全長**：13.40m
**全高**：4.40m
**全備重量**：14,350kg

# F7Uカットラス「もっとも安全性の低い実用戦闘機」

カットラスというと思い出されるのが、300機中4分の1以上が事故で失われたか、または深刻な事故に巻き込まれたという、貧弱な安全性の記録である。

## 意気地なしのカットラス

海軍のパイロットはカットラスを語呂合わせで〝ガットレス（意気地なし）〟と呼んで忌み嫌った。空母展開中、カットラスのうちの多くの機体が実際には運用されずに終わっている。

前輪の脚柱が長く、地上4.5mの高さに位置するパイロットは、脚が折れるとまず間違いなくひどい怪我を負った。射出座席の底に脚柱が刺さることもままあって、火災にいたるケースもあった。

油圧系統が故障すると手動制御システムに切り替わるが、それまでのわずか11秒間で、カットラスは失速状態に陥ってしまうのだった。

カットラス向けに製作されたJ46エンジンが間に合わず、出力の低いアリソンJ35を代用品として搭載することになったが、空母で運用するのにぎりぎりの性能しか出せなかった。

アフターバーナーを使うと中央のトランスファータンクがあっという間に空になり、翼内タンクに燃料が満タンであっても、離陸直後にエンジンがフレームアウトを起こす危険があった。

# ヤコブレフYak-38フォージャー
## YAKOVLEV YAK-38 'FORGER'

Yak-36フリーハンドの後継機として、ほとんど似ていない設計だが当初Yak-36Mの名で開発され、ソ連初の実用垂直離着陸機として誕生したのが、Yak-38フォージャーである。表面的には初期のハリアーに似ているが、フォージャー（訳注：英語で〝まがいもの〟の意でNATOがつけたコードネーム）にはリフトエンジンが2基追加されており、このため自重が重くなり、燃料搭載量が減るという欠点が生まれた。積載量はシーハリアーMk.1の約3分の1、高温時の航続時間はおよそ15分である。排出ガスをエンジンが吸い込むためパワーロスを招くという現象につねに悩まされていたのに加え、リフトジェット（稼働寿命はわずか22時間）の1基が不調になると、制御不能な激しいピッチングを起こした。エンジントラブル発生時への対応策として、機の姿勢やスピードに異常を感知するセンサーによりパイロットを自動的に脱出させるシステムが採用された。ソ連軍フォージャーのほぼ3分の1が事故で損失したというのも驚くような話ではない。

ソ連におけるV/STOL（垂直/短距離離着陸機）分野への最後の挑戦は非常に意欲的なもので、超音速V/STOL戦闘機のYak-41（NATOコードネーム〝フリースタイル〟）の開発であった。Yak-41プログラムはYak-38が最初に洋上展開を行ったのと同時期にあたる1975年から始まった。1987年3月9日に第1回通常離陸による飛行、1989年12月29日に第1回垂直上昇飛行が行われた。飛行用試作機が2機製作され、Yak-141と改称されたが、そのうち1機は着陸時の事故で失われた。プログラムは資金不足のため結局中止された。

## 高温時の航続時間はおよそ15分だった。

データ
乗員：1名
動力装置：ツマンスキーR27-B-300ターボファンエンジン　推力6800kg×1 リビンスクRD38リフトジェットエンジン　推力3250kg×2
最高速度：1125km/h
翼幅：7.50m
全長：16.00m
全高：4.40m
重量：11,700kg

フォージャーはソ連初の艦上戦闘用航空機だが、装備がお粗末なうえに実用性が限られ、パイロットに及ぶ危険についてはいうまでもなかった。

# Yak-38フォージャー「ハリアーのまがいもの」

1976年の夏、航空母艦キエフに乗って地中海に初めて姿を現したYak-38は、NATOにに大きな衝撃を与えるものだった。

## 脱出、とにかく脱出……

フォージャーは突発的なエンジントラブルに悩まされた。ソ連は不具合部分の改修を行わず、自動脱出装置を取り付けるだけという解決策をとった。パイロットが本機を嫌悪したのも無理のない話だ。

フォージャーには、推力が水平より下を向いた状態でエンジンが停止すると自動的にパイロットを脱出させる機能があった。イギリス海軍空母の目の前でこの機能が働いてパイロットが射出され、ソ連パイロットがイギリス海軍に救助されたことも1回あった。

操縦席後方の開き戸を開けてリフトジェットエンジンに空気を送り込み、底部のハッチから排気する。

フォージャーの武装は簡単な照準器が備えられている程度の、ごく基本的なものであり、レーダーやレーダー警報システムは搭載していなかった。

垂直離着陸専用機として製作されてはいたが、フォージャーにはダブル・スロッテッド・フラップや制御用パラシュートが搭載されていた。

複合材料を大量に使用し、開発時間が長引いた結果、
RAH-66コマンチの開発経費は許容範囲を超える
ほどの高額になってしまった。

# 構造的欠陥

## CONSTRUCTION DISASTERS

　航空機開発の初期、だれもがライト兄弟のように科学的に緻密に取り組んでいたわけではなかった。同時代の航空界の先駆者だったサミュエル・ラングレーには、多少空力学の知識があったものの、機体にかかる圧力まではじゅうぶん考察できなかった。ラングレーが製作したエアロドロームは、カタパルトで射出する際にかかる力に耐えきれなかったのだ。着陸時の課題も検討されなかったが、実際に検討する必要もないまま実験は終わってしまった。技術者として正規の資格を持っていなかったアンソニー・フォッカーは、応力計算の必要性を拒み、手に入るもっとも安価な材料を選んだ。初期の設計の大半に構造上重大な欠陥があったため、フォッカー製の機体は飛行停止を繰り返すことになった。

　20世紀になると材料科学は飛躍的に進歩し、航空機産業はその発展に大きく貢献した。ポーランドのズブル爆撃機のように、構造上の欠陥が原因でトラブルが起こっても、木材を何枚か追加して釘打ちすれば〝解決〟することもあった。だが、機体が重くなりすぎることだけは避けられない。

　金属や複合材料の出現により、あらたなトラブルが続出した。アメリカ連邦航空局がカーボンファイバーを使用したビーチクラフト社のスターシップに対する耐空証明認可を渋ったのは、1950年代にコメットが起こした悲劇を繰り返すことになるのではないかと心配したからだという議論も成り立つ。コメットで得た経験を活かし、その後に作られたじゅうぶんな強度を持った旅客機は、何度も試験を重ねながら複合材料の使用を増やしていったのである。

# アルバトロスD.III
## ALBATROS D.III

流麗なデザインの新型戦闘機、アルバトロスD.IIIが戦場に登場した直後、1機の翼桁にクラックが生じ、郊外に緊急着陸を余儀なくされた。このD.IIIのパイロットだったマンフレート・フォン・リヒトホーフェン——通称〝レッド・バロン〟は、構造的欠陥の犠牲となったほかの経験豊富なドイツ人パイロットたちとは異なり、運良く空中分解を回避することができた。D.IIIには主翼の欠陥が多数あるため急降下速度に制限が課されたが、それは高性能戦闘用航空機にとってとうてい満足できるものではなかった。不具合の原因は下翼を支えていたV字型の支柱の強度不足で、負荷がかかると下翼にねじれが生じたのだ。ラジエーターが上翼中央部に位置しているのも深刻なトラブルを招いた。この部分が戦闘でダメージを受けると、パイロットに沸騰した熱水が降りかかるのだ。改善策としてラジエーターを側面に移したが、それでもある程度の危険がつきまとった。

構造上の問題点はあったものの、初の〝Vストラット機〟であるD.IIIは、第1次世界大戦中にアルバトロス社で製造された戦闘機中トップの高性能機であり、すぐれた実績を上げている。1917年春までに西部戦線の37の全戦闘飛行隊は一部またはすべてD.IIIを装備し、それらはこの時期イギリス空軍に手痛い損害を与えた（〝血塗られた4月〟として知られる）立役者として活躍した。1917年11月にはD.IIIが446機が配備され、ピークを記録した。

## ダメージを受けると、パイロットに沸騰した熱水が降りかかる。

D.IIIは空力的には当時としては大変すぐれていたのだが、合理化によって構造上の重大な欠陥が隠蔽され、これが実戦では大きなネックとなった。

### データ
乗員：1名
動力装置：メルセデス
D.IIIA ピストンエンジン
160hp×1
最高速度：175km/h
翼幅：9.05m
全長：7.33m
全高：2.98m
重量：最大 886kg

# アルバトロスD.Ⅲ「赤い男爵の翼」
レッド・バロン

D.Ⅲは次第にソッピーズ三葉機や、その後はスパッドⅦ、ソッピーズ キャメルなどの戦闘機に圧倒されるようになっていった。

## 前線で活躍

トラブルの多いモデルだったが、空中戦が始まったばかりの当時、アルバトロスはそれほどひどい機体ではないという評価で通っている。第1次世界大戦の後半に向け、D.Ⅲとその後継機が西部戦線における有能な戦力として活躍した。

のちに登場したD.V.は、新設計の胴体と垂直尾翼に、D.Ⅲの主翼と水平尾翼を移植したものである。当然、旧型の構造上のトラブルが新型にそのまま引き継がれた。こうした欠陥は、構造を強化したD.Vaモデルが出現するまで、是正されることはなかった。

水冷式エンジンのラジエーターは上翼中央に挿入されていた。戦闘でのダメージ回避には好都合とはいえない場所であり、ひとたび損傷するとパイロットが沸騰した熱水を浴びてやけどを負う危険があった。

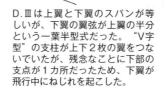

D.Ⅲは上翼と下翼のスパンが等しいが、下翼の翼弦が上翼の半分という一葉半型式だった。"V字型"の支柱が上下2枚の翼をつないでいたが、残念なことに下部の支点が1カ所だったため、下翼が飛行中にねじれを起こした。

# ビーチクラフト・スターシップ

## BEECHCRAFT STARSHIP 2000A

　キングエアの後継機とするため100%複合材を使用した機体コンセプトの実現性を確認するため、ビーチクラフト社はバート・ルータンが経営するスケールド・コンポジッツ社に85%スケールの実証機の製作を依頼した。ビジネス機展示会に初登場したときにはセンセーションを巻き起こしたが、ただの〝空飛ぶ風洞モデル〟にすぎず、実用機として認可されるにはほど遠い状態だった。認可に向け、ビーチクラフト社は意欲的なスケジュールを組んだが、協力会社から断られたため、ハイテク材料の製作や射出技術の開発を自社でまかなわねばならなくなった。複合材機の開発に失敗したリアアヴィア社のリアファンのときと同様、アメリカ連邦航空局（FAA）は試験機に耐用期間（4万時間）分の負荷をかけた2回のシミュレーションテストを義務付け、落雷からの防護装置の2重化を求めるなど、きわめて厳格な試験プログラムを強要した。総費用3億ドルを超える5年半の開発プログラムを経た結果、量産機は53機しか生産されず、経済情勢の衰退も逆風となり、その多くが売れずに終わった。

　2003年、維持費をかけてスターシップを維持しておくほどの必要性も人気もないと判断したビーチクラフト社は、リース機をすべてリコールし、廃棄処分とした。その一部は、主に物珍しさに惹かれた個人オーナーの手に渡ったが、大部分の機はスクラップとされ、リサイクル可能なアルミニウムをほとんど含まない構造だったため、大半が廃棄・焼却処分となった。残されたスターシップの1機は、バート・ルータン製作のスペースシップワンでチェース機として使われ、残りは博物館で余生を過ごすことになった。

## 量産機は53機しか生産されず
## その多くが売れずに終わった。

世界初の全複合材料製ビジネス機、スターシップは最終的にはFAAの認可を得たが、最も徹底的に試験を繰り返した航空機である。

### データ

乗員：2名、乗客7名
動力装置：プラット＆ホイットニー　カナダ　PT6A-67A　ターボプロップエンジン　1200shp×2
最高速度：620km/h
翼幅：16.60m
全長：14.05m
全高：3.94m
全備重量：6758kg

# 2000A

## スターシップ2000A「景気後退の犠牲者」

価格は別としても、スターシップのセールス面で根本的な問題のひとつとなったのは、あまりに未来的な外見だった。そのスタイリングは、より保守的な傾向が強い見込み客にアピールすることはなかったのである。

スターシップのエンジンはキャビン内の騒音を低下させるため、機体後部に搭載された。カナード型式のため、揚力の釣り合いがとれるよう主翼は後方に取り付けられ、推進式にエンジンを装備した。

### 根強いファンに支えられ

製品の信頼性にかかわるトラブルを回避するためと、採算の取れない部品の製造を停止するため、ビーチクラフト社は稼働中のスターシップをすべて買い上げようとしたが、オーナーの大半から断られた。

スターシップは、油圧制御式5枚ブレード、フルフェザリングと逆ピッチ可能、動的にバランスの取れた定速式プロペラを2基搭載していた。

共振現象をある程度回避するため、スターシップでは従来型の垂直安定版と方向舵の使用を取りやめ、翼端の〝帆先〟に操縦翼面を装備した。

軽量設計なので、同じエンジンを搭載したキングエアよりもキャビンを広くすることができた。

# ブレリオ複葉機
## BLERIOT BIPLANES

　航空界の先駆者、ルイ・ブレリオは、1909年に製作したブレリオXIによって、現在の飛行機の基本型を作り上げた。だが第1次世界大戦の途中から戦後にかけて、同社の大型飛行機は、デザインも機能的にもただの時代遅れになってしまった。ブレリオ社の大型機の大半が支柱や車輪が多すぎるという問題点を抱え、さらにエンジンは中心線に近すぎる場所に搭載されていた。ブレリオ67爆撃機の試作機は、1917年の基準でもパワー不足で、ひどい低速であった。1919年の74型は前作からどこも改善されていないばかりか、操縦性が以前より悪くなっていた。後継機の73型は、車輪が8基、後部胴体が大きく後退した、実に奇妙なデザイン

だった。同機は数回飛んだ後、空中分解した。2機製造された115型旅客機は1機が墜落し、残されたほうも全備重量時には100km/hで飛ぶのが精一杯だった。

　ブレリオ社が両大戦間に製作した単葉機、127型爆撃機もひどい出来であった。1928年に登場し、構造は木材と布で作られ、もともと高々度での戦闘と爆撃機援護用に作られた117型多座単葉機をもとに開発されたものだった。127型は1929年に量産が開始され、フランス空軍向けにおよそ40機が製作された。より強力なエンジンに換装されていたが、重量が増えすぎたため最高速度が低下したうえ、飛行中に翼が変形するというトラブルにみまわれた。

## デザインも機能もただの時代遅れだった。

大戦間のルイ・ブレリオは航空機設計の構想力を失っていたとみえて、不細工な上、必要以上に複雑な、まず成功は望めないような爆撃機や旅客機ばかりを世に送り出した。

---

**データ**

**乗員**：2-3名、乗客8名
**動力装置**：イスパノスイザ 8AC 直列液冷エンジン　180hp×4
**最高速度**：180km/h
**翼幅**：25.01 m
**全長**：14.45m
**全高**：不明
**全備重量**：5100kg

---

# ブレリオ複葉機「奇怪な創造物」

73型の輸送機バージョンは、太った胴体を持つ75型エアロバス輸送機となった。計画立ち消えとはならなかったが、1機しか製造されなかった。

## ブレリオのブランドだけが頼り

1919年、ブレリオの会社はスパッド社が買収した。ほとんど売れなかったにもかかわらず、1935年にその名が消えるまで、創業者ブレリオの名をブランドとしたビジネスを展開した。

73型は三座夜間爆撃機として制式に認定されたが、提示されていた1000kgの爆弾を搭載すると、実用的な航続力はほとんど取るに足りないほど貧弱なものとなった。

73型の車輪は上下エンジンと一直線になるよう配置されていたが、それらを連結する支柱は一直線にはなっていなかった。上下エンジン間の奇妙な枠組は、主要な支柱として主翼を支えるはずであったが、構造的にはやはり失敗だった。

73型の設計上の特徴は、それ以前のモデルでは胴体が主翼より下にあったのに対し、上下翼の間に移動したということだったが、胴体尾部が同じデザインだったことから、奇妙な胴体後部形状になってしまったといえる。

# ボーイング/シコルスキー
## BOEING/SIKORSKY RAH-66 COMANCHE

コマンチは、いくらか旧式化したアメリカ陸軍のOH-58DカイオワウォリアーとAH-1コブラに交替することを目指し、偵察や攻撃任務、敵ヘリコプター撃墜、アパッチ・ロングボウ攻撃ヘリコプターへの直接データ送信が可能なマルチセンサー（複合捜索機器）とステルス機能を装備した新型ヘリとして設計された。プログラムに対する予算獲得のペースが遅かったため、その間に新たな任務や機能が追加され、重量と費用がかさんでいった。当初は5023機の調達が予定されていたが、のちに1400機に、やがて1213機、最終的には650機に減少してしまった。生産数が減ると同時に、1機あたりのコストは1210万ドルから5890万ドルへとふくれあがった。16年間で80億ドルを投じたプロジェクトは、飛行試験を行った2機の試作機、そして試験プログラムの一部を完了させただけで中止になった。

だが、コマンチ開発計画はまったくの無駄にはならなかった。上位モデルのAH-64D アパッチ・ロングボウには改良型センサーシステムや兵器システムが搭載され、その中枢部が、メインローター上部に装備されたドーム状のAN/APG-78ロングボウ火器管制レーダーである。ここにはミリ波火器管制レーダー（FCR）目標捕捉システムが搭載され、レドームを高い位置に配備することにより、ヘリコプター本体は姿を隠しながら、目標に向かってミサイル発射が可能となった。

## 機体重量とコストが次第に肥大化していった。

投資額はさておき、開発された技術のかなりの部分がAH-64アパッチで活かされたため、コマンチ・プロジェクトの中止はなんとか最悪の事態をまぬがれることができたといえるだろう。

### データ
**乗員**：2名
**動力装置**：LHTEC T800-LHT-801 ターボシャフトエンジン　1560shp×2
**最高速度**：328km/h
**翼幅**：11.90m
**全長**：14.28m
**全高**：3.39m
**重量**：最大 7790kg

## RAH-66コマンチ「役立たずのネイティブアメリカン」

コマンチの開発中止で唯一残念だったのは、おそらくほかのヘリコプターにはない〝ステルス〟機能が多数組み込まれていたことだったであろう。

### 資金投入先の変更

1988年に計画が開始されたコマンチの初飛行は1996年まで実現にいたらず、2004年2月にキャンセルされた。アメリカ陸軍はコマンチ向け予算を新規ヘリコプター800機の購入代金に割り当てる予定である（現在、より安価なARH計画として進行中）。

テールローターはフェネストロン型で、もともとフランスのアエロスパシアル社が開発したものである。

尾部安定板は、バフェッティングのトラブルを回避するためさまざまな改良が施され、最終的にはサイズを縮小し、エンドプレートを付けた設計になった。

試作機2号機のメインローター上部にある〝植木鉢〟には、ロングボウ・レーダーの別バージョンを搭載していた。

レーダー電波反射を減らすため、コマンチの主力兵器は機内の兵器倉に搭載し、必要に応じて飛び出す仕組みになっていた。

# ブリュースターSB2A
## BREWSTER BERMUDA/BUCCANEER

　急降下爆撃機SB2Aバッカニアは、開発計画がだらだらと遅延したため、量産化準備が完了したころには、この種の機体に対するアメリカ海軍の需要がなくなっていた。もっぱら訓練機として使われ、実戦の経験もなく、1943年に発注がキャンセルになると生産ラインから直接スクラップにまわされる機体も多かった。ブリュースター社は、初飛行のかなり前からイギリス、オランダなど複数の国に対し、SB2Aが優秀な急降下爆撃機であると宣伝していたが、イギリスに送られた機がボスコム・ダウン航空機試験場で評価試験された結果、バミューダMk1（イギリスでの名称）は〝実戦に用いるにはまったく不向き〟であることが明らかにされた。航空機試験センター本部の

海軍部は、重量過人、馬力不足、運動性に欠ける点を指摘した。740機あったイギリス向けのバミューダの大半が標的曳航機か、ただの整備訓練機として使われた。

　SB2Aと並行してカーチス社SB2Cヘルダイバーの開発も進められていたが、こちらにも問題はあったもののはるかに優秀で、第2次世界大戦の終結まで太平洋戦線で活躍した。イギリス海軍はボスコム・ダウンでバミューダの試作機5機を試験したが（急降下爆撃機4機、標的曳航仕様機1機）、空母上での運用に不適との判断を即座に下した。このため納入されたうち450機がイギリス空軍に移籍され陸上運用とされた。

## 「実戦に用いるにはまったく不向き」であることが立証された。

一般的に考えれば、バミューダはアメリカの航空機産業が製作した飛行機のなかで最大の失敗作のひとつと言っても間違いではないだろう。

| データ |
|---|
| 乗員：2名 |
| 動力装置：ライト R-2600-A5B-5 サイクロン星型ピストンエンジン　1700hp×1 |
| 最高速度：457km/h |
| 翼幅：14.33m |
| 全長：11.94m |
| 全高：4.70m |
| 重量：最大 6480kg |

## バミューダ/バッカニア「値の張る標的曳航機」

SB2Aは各型合わせて1000機以上作られたが、それでも失敗作とみなされた。

### 使い道がまったくない

ブリュースター社は航空機製造のコツを覚える気がまったくなかった。同社が製造する航空機は失敗作ばかりだとみなされ、中でも実戦を一度も経験しなかったSB2Aはその典型だといえよう。

SB2AにはスピットファイアMk1と同数の機関銃8挺が、エンジンカウリング、両翼、コクピット後方に分けて配置されていた。

イギリス空軍が採用したバミューダには、アメリカ海軍向けSB2A-2以降につけられた、主翼の折り畳み機構がなく、着艦フックもつけられていなかった。

原型機はモックアップの背面動力銃座を搭載して試験を実施したが、ひどいバフェッティングが生じたので撤去し、代わりに従来どおりの手動照準機銃が装備された。

# クリスマス・ブレット

## CHRISTMAS BULLET

支柱（ストラット）は必要ない、飛行機の翼は、鳥のように自由に動くようにすべきだ。ウイリアム・クリスマス博士はそう確信していた。だが残念なことに、博士の設計によるブレット戦闘機はクリスマス・ストラットレス複葉機とも呼ばれたが、その名のとおり、支柱がないため主翼はガタガタと動き外れてしまった。パイロットは即死であった。2機目のブレットも数カ月後に同じ運命をたどった。クリスマス博士は、自分は航空関係の特許を山ほど取得しており、ヨーロッパからブレットの注文がひきもきらず届いている、さらにはドイツ空軍再建に向け、数百万ドルのビジネスが提示されていると主張した。どれも真実ではなかったが、博士はアメリカ陸軍から翼のデザイン料としてかなりの金額をたしかに受け取っていたようだ。ただし、この話も博士によるものである。

ウイリアム・クリスマス博士がアメリカ軍当局に持ちかけた法外な計画の中には、時のドイツ皇帝ビルヘルム2世誘拐計画用として、ドイツまで飛べる飛行機を製作するというものまであった。彼はたしかにブレットの設計で1914年に特許を取得し、その後、自らが所有する可動式エルロンのパテントを1923年に10万ドルで売却したと主張している。ただし、事実としては立証されておらず、空を飛ぶという夢想の犠牲となった有能な天才として、クリスマス博士は今も歴史に名を残している。

## 飛行機の翼は、鳥のように自由に動くようにすべきだと信じていた。

ブレットの飛行機は、2回の飛行でいずれも致命的な墜落事故を招いたという点でユニークといえるかもしれない。発明家のウイリアム・クリスマス博士は懲りない男だったが、幸いにもその後は飛べる飛行機を作ることはなかった。

> **データ**
> **乗員**：1名
> **動力装置**：リバティシックス ピストンエンジン 185hp×1
> **最高速度**：不明
> **翼幅**：8.63m
> **全長**：6.40m
> **全高**：不明
> **重量**：不明

# ブレット「2度の飛行で2度の墜落」

## 偉大なる妄想

異端派の天才、クリスマス博士が取得したと主張した多数の特許や、アメリカ軍から支援があったという事実の真相について解明できたものはいない。ブレットは、博士が開発した唯一の飛行機である。

ブレット1号機には、かの有名なV-12リバティの縮小版、リバティシックスが採用された。クリスマスが通告もなくブレット1号機の飛行を行い、高価なエンジンを破壊したことは、それを提供した陸軍当局を狼狽させるにじゅうぶんだった。

上翼と下翼の間には支柱が1本もないが、水平尾翼を支柱で支えるのは有益であるあると考えいたようだ。

ブレットはベニヤ板で覆った胴体を採用した初期の飛行機だが、外板の抵抗は従来の布張りよりも小さくなった。

# ダッソー・メルキュール

## DASSAULT MERCURE

　戦闘機メーカーのダッソー社は、ツインエンジンのボーイング737そっくりのメルキュールをひっさげ、民間航空機の分野に参入した。メルキュールがライバルに想定していたのはダグラスDC-9とボーイング727で、性能の大半がライバルを上回っていたが、航続距離だけは例外だった。フランス国外に出られないような短い航続距離では、輸出市場で成功するわけがないという冗談も出たほどである。短距離を短時間で飛ぶよう設計されたメルキュールでは、予備燃料タンクが増設できる構造設計を採用せずに軽量化を図った。それとは逆に、ボーイング737は機能を最大限に拡大できるよう設計されて

おり、今も生産が続いている。

　石油危機やドルの切り下げがあった1973年、メルキュールはビジネス上最悪のタイミングで売り出された。エールフランスは1機も発注しないと表明、サベナ航空はボーイング737-200を採用し、メルキュールプロジェクトは当初から失敗する運命にあった。

　創業者のマルセル・ダッソーは改姓前はマルセル・ブロックと名乗り、第2次世界大戦初期に実戦で活躍した戦闘機や爆撃機メーカーの経営者だった。ダッソーは、ブロックがレジスタンスのメンバーとして活動していたころに使っていた名前である。

## メルキュールはビジネス環境が最悪のタイミングで売り出された。

ダッソーは1980年までにメルキュールを1500機販売し、市場のシェアを席巻しようと考えていたが、実際に売れたのはわずか11機、フランスの国内線航空会社、エール・アンテールがすべて買い取った。

### データ
乗員：3名、乗客100-150名
動力装置：プラット＆ホイットニー　JT8D-15　ターボファンエンジン　推力7030kg×2
最高速度：926km/h
翼幅：34.84m
全長：30.55m
全高：11.36m
重量：最大56,520kg

# メルキュール「祖国を一度も離れなかった飛行機」

エール・アンテールで運航されたメルキュールは、クルー全員が女性で飛行した世界初の商用航空機となった。

## アピール不足

メルキュールは大々的に広告を打ったが、旅客機のデザインとしては正当とは見られていなかった。アメリカ製のライバルたちと比べると明らかにアピールするものが欠けていた。

ボーイング737-200と同時期に開発されたが、メルキュールのほうがわずかに全幅と全長が大きい。

メルキュール100は、のちのボーイング727と同型のエンジンを搭載している。提案されていたメルキュール200にはCFM-56エンジンを搭載し、乗客184名を運ぶ計画だった。

メルキュールの最大航続距離は、最大積載状態でわずか1100km程度だった。

# デハビランド・コメット1
## DE HAVILLAND COMET 1

　1949年にジェット旅客機コメットの初飛行が成功し、民間航空機の開発でイギリスはアメリカよりも5年先行した。コメット1は、主な原因がパイロットの操縦ミスである墜落事故が2件あった後、地中海で原因不明の消息不明事件を2度起こしている。コメット1に対する世界の信頼は地に落ち、破壊検査を行って精密な検証が実施されることになった。この結果空中分解の原因は金属疲労で窓の隅や角度のある開口部から亀裂が生じたためだと立証された。こうした試験結果が出るまでに、さらにもう1機が空中分解を起こし、コメット1の将来的なセールスは絶望的となった。コメット2はイギリス空軍向けに数機のみ生産された。コメット4（窓を丸形にした）は大型化と性能の向上が図られたものの、すでにイギリスはアメリカやフランス、ソ連に先を越され、その差が縮まることはなかった。

　英国海外航空（BOAC）コメット1

の墜落事故が当時さかんに報道されたが、実は同機の致命的事故はこれが初めてではなかったのである。パイロットのミスが原因で死者が出た墜落事故2件のうち1件は1953年3月3日、エンプレス・オブ・ハワイと名付けられた新型機を、新オーナーのカナダ太平洋航空に引き渡す際に起こった。パキスタンのカラチ空港から離陸する際に橋に激突し、墜落したのだ。乗員5名と乗客6名が死亡したが、これがジェット旅客機による初の死亡事故だった。

---

**データ**

乗員：7名、乗客36名
動力装置：デハビランド ゴースト50-Mk.1
ターボジェット・エンジン　推力2270kg
×4
最高速度：724km/h
翼幅：35m
全長：34m
全高：9.1m
重量：73,480kg

---

## その初飛行により民間ジェット航空機の開発でイギリスはアメリカよりも5年先行した。

コメット1シリーズは悲劇的な惨事に悩まされ、成功の望みは事実上絶ち切られた。

# コメット1「空中における死」

デハビランド社は数年後、コメットの
実用化を急ぐあまり〝手抜きをした〟
のではないかと非難されたが、この主
張には、まったく何の根拠もなかった。

## 未来に向けての教訓

コメット1が製作された当時、金属疲労や与
圧が機体構造に与える影響に関する知識は非
常に限られたものだった。同機の事故調査デ
ータは以降の航空機設計技術向上に大きく貢
献した。

短距離機のコメット1の旅客数
は36名足らず、だが乗り心地
は快適だった。コメット3は大
西洋横断用モデルだったが、実
際に製作されたのは1機だけだ
った。

コメットの空中分解事件を調査
していくうちに、四角形の無線
アンテナ開口部や窓の隅から生
じた亀裂が原因であることがわ
かった。

コメットが初期に起こした事故
は操縦室の計器類が貧弱であっ
たことが関係していた。視界不
良の条件下で、パイロットは苦
心して正確な離陸角度を見極め
ようとしていたのだ。

# デハビランドD.H.91

## DE HAVILLAND D.H.91 ALBATROSS

　優美なスタイルのアルバトロスは、そもそも大西洋横断飛行用の高速郵便機として製作されたのだが、構造面や機構面のトラブルに悩まされ、さらには運にも見放された。木製モノコック構造で、尾翼に向かってなめらかに細くなる胴体は頑強ではなかった。2号機の3度目の着陸時、胴体後方がまっぷたつに割れた。降着装置も下がらない、折れるといったトラブルに絶えず悩まされ、ブレーキ故障にもみまわれた。インペリアル航空向けに郵便機2機、旅客機5機が製造された。郵便機2機は1940年にイギリス空軍に徴用され、アイスランド便として使われた。だが2機とも着陸時の事故により廃棄処分となった。インペリアル航空の機体にも、火災、事故、敵との戦闘といった苦難がふりかかった。残った2機のD.H.91は1943年、翼桁に腐食が発見され、廃棄処分となった。燃料タンクを追加した他にも、旅客機型は窓の数を増やし、スプリット・フラップの代わりにスロッテッド・フラップを採用するなど、両モデルの間には細かい相違点があった。

## 降着装置はトラブルに絶えず悩まされていた。

アルバトロスのシャープなラインには、構造上の重大な欠陥が隠されていた。製造されたのはわずか7機と、デハビランド社でも生産数がもっとも少ないモデルのひとつに挙げられている。

### データ

**乗員**：4名
**動力装置**：デハビランド ジプシー12 ピストンエンジン　525hp×4
**最高速度**：362km/h
**翼幅**：32.00m
**全長**：21.79m
**全高**：6.78m
**重量**：最大13,380kg

## D.H.91アルバトロス「壮麗な郵便機」

機体の疲労と損傷が原因で事故を起こすまで、アルバトロスは第2次世界大戦初期、郵便機として重宝されていた。

### フラッグシップの凋落

旅客機型1号機はインペリアル航空の新しいFクラス・フラッグシップとなり、乗員4名、旅客22名を運んだ。本機は1940年、ドイツ軍の空襲で破壊されてしまった。

最初に製作されたアルバトロスは水平尾翼の胴体寄りのところに垂直尾翼がはめ込まれていたが、方向安定性が不足したため、一般的なエンドプレート状の尾翼に交換した。

胴体はヒマラヤスギとバルサ材を層状にした合板を使ったモノコック構造のため、外板が強度を担った。

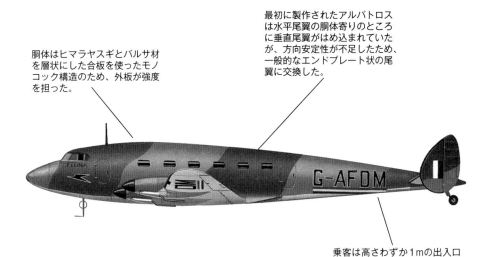

乗客は高さわずか1mの出入口を使用し、特に胴体後部が狭かった。キャビン内は常に騒音が大きく、乗り心地はよくなかった。

# フォッケウルフFw200コンドル

## FOCKE-WULF FW200 CONDOR

洋上哨戒爆撃機Fw200コンドルがその姿をあらわしたときには〝大西洋の疫病神〟と恐れられたが、実は長距離旅客機を過積載の軍用機に転用した、急場しのぎの機体だった。民間輸送機の水準を満たすだけの積載重量と強度を想定して設計されていたため、急激な機動で荷重をかけたり、爆弾や機銃、防弾装甲の搭載には非力すぎたのである。1940年に納入された機体の半分以上が構造面で不具合を起こした。特に胴体後方は脆弱で、亀裂が発生しやすかった。

改良型モデルが実戦に参入した1941年になると、輸送船搭載カタパルト発進戦闘機や、強力な武装を備えたサンダーランド飛行艇、リベレーター（B-24）哨戒機といった、大幅に進歩した連合軍側の輸送船隊防御システムに直面しなけ

ればならなかった。大西洋上での有用性が低くなったことから、多くのコンドルが東部戦線に駆り出された。そこでは包囲されたスターリングラードに物資を供給する輸送機の任務についたが、こうした任務にたいしてもコンドルの装備は貧弱すぎた。

ただ、長距離気象偵察機の任務ではすぐれた働きを見せた。コンドルの航続能力はすばらしく、ボルドー（仏）の基地を離陸後、大西洋を越えてアイルランドの西に向かい、ノルウェーまで飛行できたのだ。こうしたコンドルの長距離飛行阻止のため、イギリス空軍は北アイルランドに双発のボーファイターを配備したが、実際にコンドルを阻止できたのは、イギリス海軍の護衛空母だった。

## 長距離旅客機を過積載の軍用機に転用した急場しのぎの機体だった。

ビスケー湾沿いのドイツ空軍飛行場では、着陸時に脆弱な胴体後部に圧力がかかりすぎ、文字通り〝押しつぶされた〟状態のコンドルの機体がよく目撃された。

### データ
乗員：7名
動力装置：BMW ブラモ 323R-2 ファフニル ピストンエンジン　1200hp×4
最高速度：360km/h
翼幅：32.85m
全長：23.45m
全高：6.30m
重量：最大 24,520kg

# Fw200コンドル 「大西洋の疫病神」

コンドルを長距離哨戒爆撃機として使用しなければならなかったのは、ドイツ空軍が戦前、長距離戦略爆撃機の開発を軽視した方針の反映であった。

## 気象偵察機としての任務

コンドルには、長距離気象偵察機という格好の任務が与えられた。何はともあれ、当時としてはほかの機体にはないような長大な航続距離が役に立ったのだ。

流麗な旅客機として設計された機体に、銃座や腹部ゴンドラ、そして一部の機にはレーダーアンテナまでが装備され、瞬く間にジャマものだらけにされてしまった。

一部の機体には外部エンジンの下にHS293対艦船攻撃ミサイルが搭載された。それ以外の機体には最大2100kgの爆弾が積まれた。

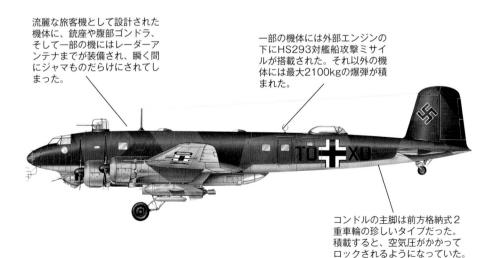

コンドルの主脚は前方格納式2重車輪の珍しいタイプだった。積載すると、空気圧がかかってロックされるようになっていた。

# カリーニンK-7

## KALININ K-7

第1次世界大戦時操縦士だった、コンスタンティン・カリーニン設計のK-7はジェット機時代到来以前に製作された最大の航空機のひとつであり、翼長はB-52よりも長く、翼面積ではB-52をはるかにしのいだ。エンジンはB-52よりわずかに1基少ない7基、しかも翼前方に6基の牽引式エンジン、後方に推進式エンジンを1基という奇妙な配列であった。

K-7は短時間の初飛行で早くも安定性に欠けていることが発覚し、エンジンの振動で機体が共鳴し、かなりの振動が生じることも判明した。こうした〝バタつき〟への対策として、テールブームの長さを切り詰めて強度を上げることが検討されたが、当時は構造物の持つ固有振動数についての知識や、振動に対応するという概念がなかった。

11回目の飛行で速度試験を実施したが、左舷のテールブームが振動した後亀裂が生じ、昇降舵が動かなくなったため、巨大な機体は地面に突っ込み、15名が死亡した。

K-7は、世界最大の航空機を作れば他国から一目置かれると考えた、未成熟な当時のソ連政府の航空政策が招いた悲劇のもうひとつの事例といえる。1933年8月11日の第1回飛行で搭乗したパイロットは、巨大航空機としての操縦性にはおおむね満足しているが、安定性と振動には問題が残ると報告している。これはプロペラが小径であり、エンジンに減速ギアが装備されていないためだとわかった。ハリコフ（訳注：当時のウクライナ共和国首都）上空での試験飛行は多くの注目を集めた。

## ソ連政府によって命令された航空政策が招いた悲劇の一例である。

豪華な機内に改造した要人輸送機、爆撃機、そして最高112名の落下傘部隊や貨物、及び降着装置スポンソンの間に小型戦車まで吊り下げ可能な軍用輸送機など、さまざまなバージョンがK-7に計画されていた。

| データ | |
| --- | --- |
| 乗員 | 19名 |
| 動力装置 | ミクーリンAM-34 V型12気筒エンジン　750hp×7 |
| 最高速度 | 234km/h |
| 翼幅 | 53.00m |
| 全長 | 28.00m |
| 全高 | 不明 |
| 重量 | 40,000kg |

# カリーニンK-7 「共産主義が生んだ怪物」

K-7は軍から正式に名称を与えられて
いなかった。もしつけられていれば
TB-5となったはずだが、この番号はグ
リゴローヴィチ設計の機体に使われて
しまった。

## 共産主義が招いた結末

カリーニンのチームはその後2機のK-7製造
に着手したが、スターリン政権下のソ連は
浮き沈みが激しく、プロジェクトは中止され、
カリーニンは1938年に逮捕され、スパイ行為
の罪で処刑された。

当初の設計では、降着装置スポ
ンソンにもエンジンが搭載され
る予定だった。爆撃機として完
成した暁には、巨大なスポンソ
ンの中に2個ずつの大型車輪を
持つだけでなく、銃座、爆弾倉、
機内階段などを搭載するはずだ
った。

K-7の操縦翼面はすべて、支柱
の先に取り付けられた大型のト
リムタブ操作により作動する方
式だった。

K-7にはパイロット1名、ほか
の乗員18名、乗客1名が搭乗
しており、墜落時には乗員5名
を除いて全員が死亡したと言わ
れている。乗務員全員が何をし
ていたのかは不明だが、エンジ
ンの点検に追われていたことだ
けは間違いない。

ツインブーム型式を採用した初
の金属製航空機のひとつ。

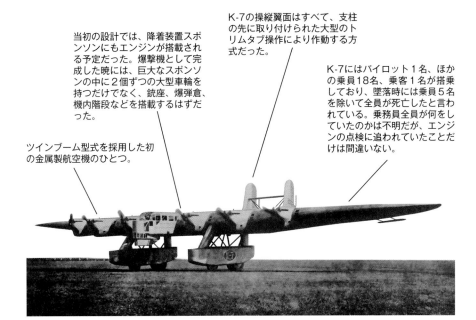

# PZL LWS.4ズブル
## PZL LWS.6 ZUBR

　LWS.4ズブル（訳注：ポーランド語で〝野牛〟の意）爆撃機は、上位機種であるPZL P.37ウォシのリスクの低い支援機として製造されたが、もともとは、時代遅れを理由にポーランド国営航空が却下した旅客機の設計が下敷きになっていた。ウォシはすべて金属製だが、ズブルにはさまざまな材質が使われている。製造開始時点でエンジンは、450hpのツインワスプから680hpのブリストル・ペガサスに変更されたが、結果的に機体に新たなストレスがかかってしまった。まもなく無数の強度不足が発覚し、裂け目には木製のパッチを当てて対処した。試作機が空中分解するのも無理はなく、しかも運が悪いことに、購入の見込みが高かったルーマニアの関係者を乗せている時に起きてしまった。

　エンジンはそのまま、尾翼を2枚に換装した〝改良型〟LWS.6は、さらに強化されたため重量過大となり、爆弾を搭載できなくなってしまった。残った機体は、ドイツ空軍が接収して非武装の訓練機として利用した。

　1930年代後半、自国の軍隊、特に空軍の近代化を推し進めようとしていたポーランドがやっきになって製造を急いだ結果のひとつがズブルだった。困ったことに、ポーランド最高司令部は1941年か1942年になるまでヨーロッパで大規模な戦闘は起こらないと思いこみ、当初はゆるやかなペースで再軍備を進めていた。ナチスドイツの脅威が本格化する頃にはさすがに再軍備のペースも加速されたが、それでは遅すぎたのだった。

## 裂け目には木製のパッチを当てて対処した。

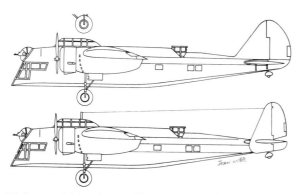

基本的、かつ重大ないくつかの計算ミスのため、ズブルは危険なほど脆弱だった。特に接着剤で貼り合わせた部分に深刻な問題を抱えていた。

### データ
**乗員**：4名
**動力装置**：ブリストル・ペガサスⅧ ピストンエンジン　680hp×2
**最高速度**：380km/h
**翼幅**：18.52m
**全長**：15.39m
**全高**：4.00m
**重量**：最大 6865kg

# LWS.4ズブル「ポーランドの虚弱機」

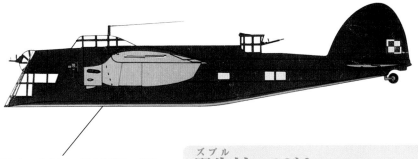

悪名高いズブルの一番の欠陥は、外板
の内側の構造が多種の材質となってい
て、不適当な圧力がかかることである。

## 野牛 対ヘラジカ
ズブル

ウォシ（訳注：ポーランド語でヘラジカの
意）は爆撃機としてすぐれた設計だったが、
戦闘機の支援が足りず、同機を装備した4個
飛行隊は、ドイツ機との戦闘で甚大な損害に
みまわれた。

ズブルでは一部に金属製応力外
皮構造が使われていたほか、鋼
管骨組みに羽布張り、木金混成
構造に羽布張りなど、多種の方
式が混合して使われていた。

降着装置収納用モーターは持ち
上げるだけの馬力がなく、降着
装置は結局降ろしたまま固定さ
れてしまった。

LWS.6試作機には強度を上げ
た2枚垂直尾翼が取り付けられ
たが、オリジナルの1枚尾翼よ
りも重かったため、量産型では
元にもどされた。

操縦席のキャノピーは上部が平
坦な胴体前部上面の左側に取り
付けられていた。背面銃座のほ
か、爆撃手が搭乗するガラス張
りの機首上部に連装機銃のター
レットが設けられていた。

# ラングレー・エアロドローム
## LANGLEY AERODROME

　ゴム動力や、蒸気機関、ガソリンエンジンによるいくつかの無人機や模型飛行機の実験に成功したアメリカの発明家、サミュエル・ピアポント・ラングレーは、本格的規模の有人飛行機〝エアロドローム〟の開発を進めた。水上飛行のほうが安全だと考えたラングレーは、プロジェクト予算（陸軍省が提供）の半分をカタパルト射出装置を取り付けたハウスボートに投じた。彼は屋根の上で、自作のエアロドロームを組み立てた。カタパルトの力が機体に過度のストレスを与えたため、1回目の飛行では機体が壊れてしまった。1903年12月8日、ラングレーは2度目の実験を行った。エアロドロームは空中分解を起こしてポトマック川に沈んだ。それから9日後、ライト兄弟

がキティホークで世界初の飛行を成功させた。スミソニアン博物館の事務局長だった彼は、あらゆる手を尽くして自分の手柄を世間に広め、ライト兄弟の業績を軽んじたため、両者の確執は長く続いた。

　ラングレーは、かなり大型のエンジン駆動無人重飛行機エアロドロームNo.5の初飛行に成功し、自分の名が歴史に残ることを確信していた。1896年5月6日に行われた2回の飛行の初回の飛行距離は1005m、2回目は700m、速度は約40km/hだった。11月28日、同型のエアロドロームNo.6で、またもや飛行を成功させた。このときの飛距離はおよそ1460mだった。

## エアロドロームは空中分解を起こして
## ポトマック川に沈んだ。

エアロドロームは、いくつかの点でライト兄弟のキティホークにおける有名な飛行に先んじていた。だが、その後ラングレーの機体が空を飛ぶことは二度となかった。

> **データ**
> 乗員：1名
> 動力装置：マンリー星型ピストンエンジン　52hp×1
> 最高速度：（予測値）100km/h
> 翼幅：14.60m
> 全長：16.00m
> 全高：3.50m
> 全備重量：340kg

# エアロドローム「ライト兄弟との世界一争い」

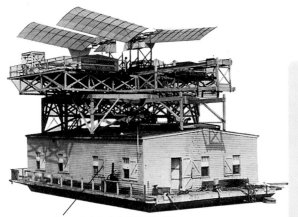

## 飛行上の失敗

2回行った飛行実験のうち、ラングレー作の飛行機（正しくは〝エアロドロームA〟）は、カタパルト射出や飛行で受けるストレスに耐えることができず、ポトマック川に落ちてしまい、パイロットはあやうく命を落とすところだった。

エアロドロームという名前はラングレーが考え出したが、時は流れ、まったく異なる意味（飛行場）を持つことになった。

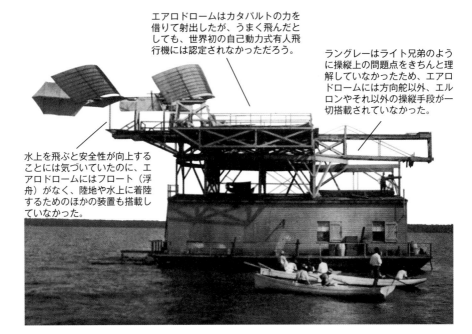

エアロドロームはカタパルトの力を借りて射出したが、うまく飛んだとしても、世界初の自己動力式有人飛行機には認定されなかっただろう。

ラングレーはライト兄弟のように操縦上の問題点をきちんと理解していなかったため、エアロドロームには方向舵以外、エルロンやそれ以外の操縦手段が一切搭載されていなかった。

水上を飛ぶと安全性が向上することには気づいていたのに、エアロドロームにはフロート（浮舟）がなく、陸地や水上に着陸するためのほかの装置も搭載していなかった。

# フィリップス多葉機

## PHILLIPS MULTIPLANES

イギリスの発明家、ホレイショ・フィリップスは、1880年代に熱心に翼型を研究し、空力学の進歩に貢献した。ただ残念なことに、翼型にこだわった彼の空力研究は一見やり尽くしたように思えたが、見逃されていた部分が多々あったのだ。フィリップスは1893年からさまざまな〝マルチプレーン〟(多葉機)の製作を開始した。まず50枚の翼を持つ、燃料に石炭を使った動力機を世に送り出したが、予想通り空は飛べなかった。1904年にはいくぶん従来型に近い(20枚の翼を持つ)マルチプレーンが15mほど飛んだ(跳ねた)ものの、1907年になると1893年型に戻りガソリンエンジンを搭載した機体を製作した。この

ときは152mの直線飛行に成功したという記録が残されており、イギリス初の動力飛行である。たとえ飛行に成功しても、フィリップスはそれ以上の高度を飛ぶつもりはなかった。4000ポンドの資金の大半を翼の製作につぎ込んだ時点で、フィリップスは実験を断念しなければならなかったからである。

---

### データ

乗員:1名
動力装置:フィリップス ピストンエンジン
22hp×1
最高速度:55km/h(推定)
翼幅:不明
全長:4.20m
全高:3.10m
重量:272kg

---

## 飛行機械は、予想通り空を飛べなかった。

車輪の上にベネチアン・ブラインドのセットを置いたような機体はホレイショ・フィリップス独自のデザインだが、実際に操縦可能な飛行を成功させた機体はひとつもない。

フィリップスの初期の実験が失敗した
のは、直線の滑走路を選ばず、円形の
離陸用トラックにこだわったからだと
いわれている。

## 翼型の実験

フィリップスの設計は物笑いの種となったも
のの、彼の性能分析は非常に貴重なものであ
り、さまざまな種類の翼型を実験したことに
より導き出された彼の理論は、後の飛行試験
に用いられることになったのである。

1904年に製作されたマルチプ
レーンのフレームには、トウヒや
トネリコ、鋼管の骨組みにキャラ
コの布を張って作られていた。

1904年型マルチプレーンには、
細くて弱々しいものながら通常
型の胴体と尾翼があり、飛行機
らしい正しい方向に進むステッ
プを見せていた。もし1枚か2
枚の翼に翼面積を振り分けるデ
ザインにしていれば大成功をお
さめただろう。

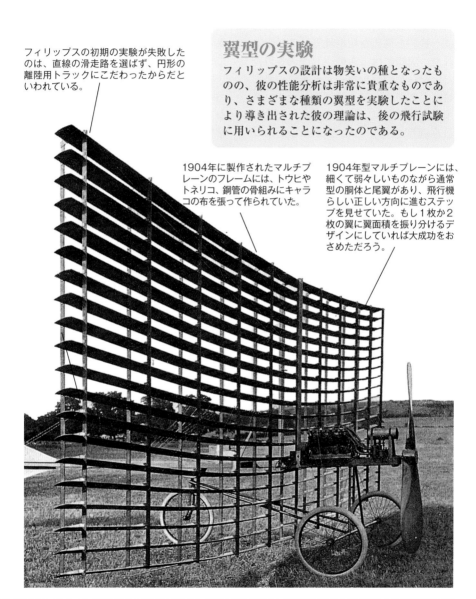

# ロイヤル・エアクラフト・ファクトリー
## ROYAL AIRCRAFT FACTORY RE.8

　堂々とした安定性の高い観測・写真偵察機を目指したRE.8は、低速で脆弱だったBE.2に代わる、すぐれた性能と武装を備えた航空機として設計された。実際にはほんの少し改善されただけだったが、少なくとも視界の良い観測員席がようやく設けられた点は進歩といえた。だが、RE.8は、公式の最高速度を超えることはめったになかった。実際の戦闘速度と失速速度との差はわずか32km/hしかなく、パイロットは機体が致命的なスピンに陥らないよう、細心の注意を払って機動しなければならなかった。高い失速速度のため着陸は難しく、危険だった。武装は攻撃、防御のどちらにもほとんど役立たないほどお粗末であった。こうしてRE.8は、ドイツ軍戦闘機につぎ

つぎと撃墜されていった。マンフレート・フォン・リヒトホーフェン、通称〝レッド・バロン〟はRE.8を7機撃墜したが、競技以上のものとは見なしていなかったほどだ。

　RE.8が脆弱なため、同機1機に強力な戦闘機が護衛としてつかなければならず、そんなことでは敵を見つけて撃墜するという戦闘機部隊の本来の任務が果たせないことになりかねなかった。1917年、偵察部隊にRE.8に代わって新型機のアームストロング・ホイットワースFK.8の配備が始まると、イギリス軍の飛行機搭乗員たちはほっと胸をなで下ろした。FK.8は頑丈なうえ、自機の防御武装も優秀であり、ドイツ軍戦闘機のパイロットの多くが犠牲を強いられることになった。

## 少なくとも視界の良い観測員席がようやく設けられた。

飛行機乗りたちにはRE.8の飛ぶ姿はこっけいとしか映らず、大衆演芸の人気コメディアンにちなみ〝ハリー・テート〟というあだ名をつけられていた。凡庸な性能と脆弱性にもかかわらず、4000機以上も生産された。

### データ
乗員：2名
動力装置：ロイヤル・エアクラフト・ファクトリー4A 直列ピストンエンジン150hp×1
最高速度：166km/h
翼幅：12.98m
全長：8.50m
全高：3.47m
全備重量：1215kg

# RE.8

## RE.8「競技以上のものではない」

RE.8は西部戦線の作戦に参加したほか、バルカン半島や中東での戦闘も経験している。

RE.8には、パイロットが発射できる角度に前方発射機銃が搭載され、プロペラを撃たないように同調機能がつけられていた。だがこれで敵を撃つのはとうてい無理な話だった。

### 約束を果たさぬまま……

RE.8は低速で扱いにくいBE.2の代わりに製作された。だが、性能の向上と武装の増強という約束を果たさぬまま、RE.8は過去の遺物となってしまった。

少なくとも初期型のRE.8では、観測員は座席を回転させることができず、立った状態で後方を射撃することもできなかったため、何とかして狙いを定め、自分の肩越しに発砲しなければならなかった。

尾翼下部に安定フィンを装備することにより、失速を起こしやすいというトラブルは減った。ただしRE.8の敏捷性がいくぶん損なわれた。

# セドン・メイフライ

## SEDDON MAYFLY

　1908年、イギリス海軍のジョン・W・セドン大尉は、第1回マンチェスター－ロンドン間飛行レースで優勝賞金1万ポンドを手にいれようと、紙飛行機をヒントに巨大なタンデム式複葉機を設計した。従来の木と針金の枠組みよりも高張力鋼チューブの輪のほうがはるかに効率が良いと判断したセドンは、このプロジェクトのために休暇をくれるよう海軍を説得し、母親には資金の大部分を負担してくれるよう頼み込んだ。この飛行機には楽観的にも（またはかないという意味で予言的でもあったのだが）〝メイフライ〟（カゲロウ）という名前がつけられた。製造は自転車工場で行われ、鋼鉄チューブ610mを使い切った。1回だけ行われた高速地上走行で車輪が壊れ、機体は損傷した。修理と改良作業はセドンが兵役に戻るため中断され、メイフライは二度と空に舞うことなく、後に記念品ハンターたちによって分解されてしまった。

　メイフライのデザインでは、前翼は昇降舵として機能し、後翼のみが揚力を担う（少なくともそのように推定される）ことになっていた。前後の2枚の翼の間にはそれぞれ一対の舵が配置され、この奇妙な仕掛けはすべて複雑な胴体によってつながっていた。胴体には降着装置があり、さらに乗客用スペース（5名）もあった。同機の最初にして最後の遠出の機会はミッドランド・エアロ・クラブに運ばれた時であった。

## 高速地上走行をしただけで車輪は壊れ、機体は損傷した。

海軍からは休暇という支援、母親からは金銭的援助があったにもかかわらず、メイフライは一度も地上を離れることができなかった。

### データ
**乗員**：1名、乗客5名
**動力装置**：NEC 6気筒水冷式ピストンエンジン
65hp×2
**最高速度**：不明
**翼幅**：約15.20m
**全長**：約15.20m
**全高**：不明
**全備重量**：1180kg

# メイフライ「及び腰な機体につけられた繊細な名前」

カゲロウのようにはかない生涯だったが、当時最大の重航空機だったことがメイフライ唯一の自慢である。

## 袋小路に迷い込んだ飛行機

巨大なメイフライは航空機として行き詰まっていた。新たな組み立て方法を開拓した先駆者ではあったが、進んで採用する者は現れず、そしてついに飛び上がることもできなかったのである。

メイフライは乗客5名が乗れるよう設計されたと言われているが、どこに乗るのかは不明のままだ。

ひとつのエンジン室に搭載されたピストンエンジン2基は、ビードル社のアルミ製2枚ブレードプロペラとチェーンで連結するという効率のきわめて悪い設計だったが、セドンは〝じゅうぶん満足のいく推進力が出た〟と、絶賛する手紙を興奮した文面でメーカーに送っている。

操縦翼面としては、前部に複葉の昇降舵、そして前後4個の小型方向舵が取り付けられていた。外翼にはピボットがあって前後に動かして横操縦を行うことになっていたが、実際にうまく働いたかどうかは疑問である。

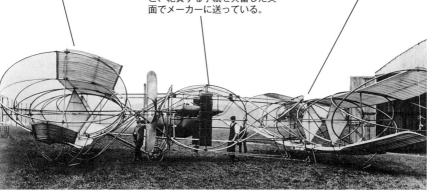

現代のB-2スピリットのようなコンピュータ制御システム
が搭載されていなかったため、XB-35は危険なほど安定
性を欠いた航空機だった。

# 予想外の
# バランス

## UNINTENTIONALLY
## UNSTABLE

　今日では、コンピュータが最新鋭の戦闘機の直進・水平飛行を維持し、物理的飛行エンベロープの極限レベルまで制御している。例えばF-16のような機体はコンピュータ制御システムがなければ、一瞬でも安定した操縦（または現状をとどめたままの飛行）が維持できないだろう。こうした状態は時に静安定性緩和と呼ばれ、コンピューターによる自動補償を行って飛んでいる。黎明期の航空機にも同様の不安定の例が見られるが、たいていが予期したものではなかったのだ。

　本章では、離陸時にトラブルを起こした第1次世界大戦下の複葉／三葉機3機を取り上げている。そのうち2機（ド・ブリュイエールC1とタラント・テイバー）は、縦安定不良かまたはトップヘビー（上部が重い）かのいずれかが原因で、処女飛行を行おうととしてひっくり返ってしまった。ローナーAA型は余りに主翼と尾翼が近付きすぎていたため、離陸速度に達すると直線飛行が不可能になった——飛行場が広大な草原だった頃でさえ、これは大変な問題であった。

　横方向の不安定（方向制御不良）トラブルは量産型航空機でも時に見られるトラブルだが、望まない縦揺れのほうがより危険であり、それどころか確実に死を招くこともあった。フライングフリー（プー・ド・シェル）とフライング・ベッドステッドが似ているのは名前だけではない——いともあっさりと回復不能な状態まで体勢を崩し、当然の結果として墜落にいたるところまでそっくりなのだ。

# アヴィアS.199ミュール
## AVIA S.199 'MULE'

戦後のチェコスロバキア航空機業界は、メッサーシュミットBf109の未完成の機体が大量に残されたがダイムラーベンツ・エンジンがなく、逆にユンカース・ユモエンジンの在庫が大量にあっても、爆撃機の機体がないという状態にあった。こうした余剰在庫を組み合わせたのが、アヴィアS.199であった。爆撃機用エンジンは離陸時に出力を上げるとトルクがかかりすぎ、そのうえ車輪間隔が狭いため、事故が多数発生した。エンジンが巨大化して機首が重くなったS.199は、着陸段階でも事故が多発した。扱いにくく出自も悪かったため、メゼック（チェコ語でラバの意）というあだ名がつけられた。戦闘機なら種類を問わないほど需要に窮していたイスラエルが1948年に25機購入した。士気の高揚には役立ったものの、S.199はイスラエル空軍パイロットにとって敵同様に危険な存在であり、1年未満で4分の3が再起不能なまでに破壊された。

こうした不具合があったにもかかわらず、1948年初めにソ連から近代的な機体が受け取れるようになるまで、チェコの第一線戦闘機飛行隊の大部分がS.199を使用した。生き残った機体は予備飛行隊に回されるか輸出に供された。イスラエルの武器調達交渉人がチェコに現れたのがこの時期である。1948年4月に契約がまとまった第1回引き渡し分の11機はザテック飛行場に移され、解体後に空路イスラエルへと送られた。

## エンジンが巨大化して機首が重くなったS.199は着陸段階での事故も多発した。

S.199はメッサーシュミットの機体にユンカース・ユモエンジンを搭載したという出自から、ミュール（ラバ）というあだ名を付けられた。

### データ
**乗員**：1名
**動力装置**：ユンカース・ユモ211F 倒立V型液冷エンジン 1350hp×1
**最高速度**：528km/h
**翼幅**：9.92m
**全長**：8.94m
**全高**：2.59m
**全備重量**：3736kg

# S.199ミュール「気難しいけだもの」

ユモエンジンには上空では思うように出ない馬力が離陸時に出すぎるという欠点があった。機首が非常に重く、パドルブレードのプロペラは過剰なトルクを生んだ。

## かなりの打撃を受けたイスラエル軍

S.199は、まるでロバと馬をかけ合わせたラバのように扱いにくいことがわかった。経験を積んだベテランも含め、イスラエル軍のパイロットの多くが運用中の事故で死傷した。

ミュールはBf109の機体の最終発達型であり、一族の最悪の産物であるとされている。アヴィア社はMe262ジェット戦闘機の独自改良型のほうが、わずかながらだが評価は高い。

イスラエルに納品されたS.199は、エルラ式のキャノピーで右側に開く形になっていた。チェコスロバキアの機体は、キャノピーは後ろにスライドさせて開けるデザインが採用されている。そのためコックピット後方のアンテナはさらに後部へと移動している。

イスラエルが購入したS.199の第1回納品分のうち、4機は大急ぎで組み立てられ、エジプト機に爆撃されていたテルアビブの防衛用として供された。

# ブラックバーン・ファイアブランド

## BLACKBURN FIREBRAND

ファイアブランドは当初艦上迎撃機として開発されたが、異なるエンジンに換装され、使い物にならないバージョンが数種類作られた後、〝雷撃戦闘機〟に変貌を遂げた。1942年に初飛行したが、初期型の実用化は第2次世界大戦に間に合わず、後期型は朝鮮戦争には使えない代物だった。巨大なだけに敏捷性に欠けるため、ファイアブランドは戦艦みたいに造られ、しかも飛べないところまで戦艦と同じだといわれた。ファイアブランドは低速の状態では補助翼の効きが悪く、着陸時に浮き上がる傾向があるうえ、機首越しの視界が悪かったことから、空母運用には特に不向きであり、着艦時に多数の事故を起こした。ジェット機が主流になり、スカイレイダーのように用途の広いピストンエンジン搭載の機体が登場する時代になると、高速雷撃戦闘機に特化した機体というコンセプトは時代遅れとみなされ、ファイアブランドはほとんど役に立たないことになった。

ファイアブランドは、1947年2月に製造が終了するまでに各型合わせて225機生産されたが、同機は1953年に同じように評判が良くなかったウェストランド社のワイバーンへと更新された。

## 特に空母運用には不向きだった。

最終的に雷撃戦闘機に特化されたファイアブランドは、実用化まで時間を要した。途中作られたいくつかのモデルは部隊配備されず、倉庫や地上訓練所に直接納品されたモデルもあった。

データ
乗員：1名
動力装置：ブリストル セントーラス Ⅶ 星型空冷ピストンエンジン　2400hp×1
最高速度：513km/h（319MPH）
翼幅：15.60m
全長：11.45m
全高：4.04m
重量：7152kg

1942年イギリス

# ファイアブランド「戦艦のように作られて」

イギリス艦隊の防御力がいちじるしく低下していた時代でもあり、ファイアブランドは当初艦隊防空戦闘機として開発された。

## ファイアブランド飛行隊

TF.Mk.5A（TF.5A)がファイアブランド最終生産モデルになった。1946年10月には第813飛行隊がTF.5Aを装備して空母インプラカブルに搭載され、1947年には最後の飛行隊、第827飛行隊が編成された。

ファイアブランドには、計器パネルの上に追加の大気速度計が装備されていたため、パイロットはコックピットをのぞきこまずに着陸進入体勢が取れた。

ファイアブランドのエンジンとしてはネピア・セイバー、フラットH24気筒エンジンやセントーラス星型エンジンが採用された。最終モデルTF.Mk.5Aは可能なかぎりの改良がほどこされたものの、部隊運用は限られたものだった。

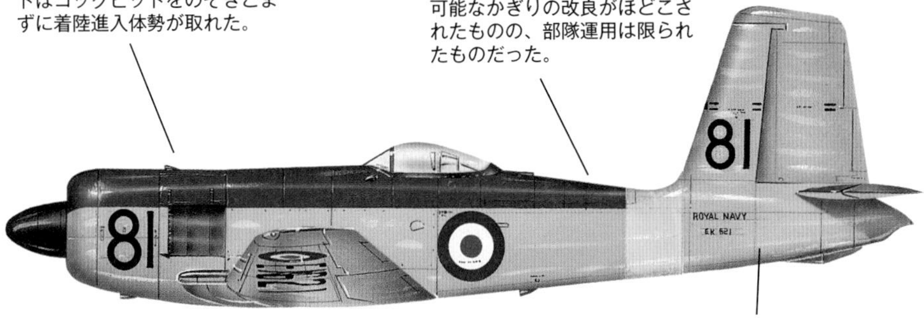


セントーラスエンジンのトルクを相殺するため、後期の型式では醜悪なほど巨大な尾翼が取り付けられた。最後の型式で採用された油圧作動補助翼によって、トルクの影響はさらに軽減された。

# カーチスSB2Cヘルダイバー
## CURTISS SB2C HELLDIVER

　ヘルダイバーは、旧式化しても立派な戦果を上げてきたダグラスSBDドーントレス急降下爆撃機の後継機として大量生産されたが、「のろいが致命的」（"Slow But Deadly",SBDのモジリ）と賞賛されたドーントレスを全ての面で凌駕することはできなかった。原型機XSB2C-1の初飛行前に、大量の発注がすでに出ていたが、試験飛行が始まると操縦性と安定性の不良、劣悪極まりない失速特性が明らかとなった。案の定原型機は墜落し、数々の改良がほどこされて復元されたが、明らかな違いが見つからないうちに、2度目の墜落事故を起こした。イギリス海軍は賢明にもヘルダイバーの採用を取りやめたが、アメリカは3カ所の工場で大量生産に取り組んだ。量産機は原型機よりもある意味劣っており、多くの点でドーントレスにも劣っていた。1943

年には太平洋戦線に参入し、空中分解や着艦時の事故は多数あったものの、爆撃機としての評価は次第に上がってきた。生産数の合計が7100機という驚異的な数字だったため、史上最も多数を占める急降下爆撃機となってしまったのである。

　ヘルダイバーは1943年11月11日、ラバウルで空母3隻、軽空母2隻に搭載され、最初の実戦活動を経験した。カナディアン・カー・アンド・ファウンドリー社製造分の26機はイギリス海軍に納入されたが、英艦隊航空隊では一度も使われず、一部はオーストラリア空軍で実戦に投入された。不運な出だしではあったが、ヘルダイバーは太平洋諸島での軍事作戦で重要な役割を果たしたことだけは認めなければならない。

## 空中分解や着艦時の事故が多数起こった。

融通の利かない設計仕様のせいもあって、脆弱な構造や、劣悪な安定性を招いたヘルダイバーは、最も熟練したパイロットを除き、誰からも毛嫌いされた飛行機だった。

| データ | |
| --- | --- |
| 乗員 | 2名 |
| 動力装置 | ライト R-2800-20 サイクロン星型空冷エンジン 1900hp×1 |
| 最高速度 | 472km/h |
| 翼幅 | 15.14m |
| 全長 | 11.18m |
| 全高 | 4.49m |
| 重量 | 最大 7598kg |

# SB2Cヘルダイバー「地獄への急降下」

技術上の問題だけではなく、関与した企業の管理ミスもヘルダイバーの生産に影響した。

## アメリカ軍の信頼に支えられ

ヘルダイバーはイギリス海軍からは受け入れられなかったが、潜在能力を認めたアメリカ海軍からは大量の発注があった。ただしその真価が発揮されるまで、さまざまなトラブルにみまわれた。

信頼性は低く、操縦も難しかったため、ビースト（獣）とか〝二流のろくでなし野郎〟（Son of a Bitch Second Class、SB2Cのモジリ）というありがたくないあだ名をつけられ、忌み嫌われた。

原型機の安定性に問題が指摘された後、胴体を伸ばし、尾翼を大型化した。

ヘルダイバーの大半が両翼に20mm機関砲各1門、操縦席後方に7.7mm機関銃を2挺搭載していた。機内爆弾倉には爆弾その他の兵装が907kgまで積み込めた。

SB2C-4以降の型式から翼の上下のダイブブレーキが穴開きタイプとされた。この措置により、急降下中のバフェッティングが改善された。

# カーチスSO3Cシーミュー
## CURTISS SO3C SEAMEW

　カーチスが1937年に、自社の複葉艦載観測機（戦艦や巡洋艦に搭載）SOCシーガルの後継機計画の提案を行い、SO3Cシーミューが開発された。SO3Cは、外観からは近代的で効率的なデザインに見えたが、その実ひどい失敗作で、大半が回収され、前任機（SOC）に再度交替される始末だった。そもそも最初の段階で飛び方に問題があった。不安定さを解消するため胴体後部下面に安定フィン（後に背部フィンに変更）を装備し、翼端を上向きにするなど、さまざまな改良が行われた。陸上機仕様の機体は、車輪間隔が極端に狭いうえに、地上姿勢での頭上げ角度が大きいため、離着陸が非常に困難になった。イギリス海軍はみずからシーミューと命名したSO3Cを

250機を発注したものの、受け取ったのは100機だけで、実際にはそのうち数機が訓練用として使われただけだった。イギリス海軍のシーミューは、艦艇の射撃訓練に使う無線操縦の標的無人機としても使われた。

　まともに見える飛行機はよく飛ぶ、そうではない飛行機は飛びが悪いという古い格言があるが、シーミューはまさにその典型だった。イギリス海軍は1944年9月にシーミューの廃棄を宣言し、翌年には保有機を一掃した。シーミューの基本的な問題のひとつはレインジャーSGV-770エンジンで、著しく信頼性に欠けており、主に海上での利用を想定していた飛行機にはとうてい推奨できるものではなかったのだ。

## そもそも最初の段階で飛び方に問題があった。

欠陥だらけだったにもかかわらず、カーチスの期待はずれシーミューはアメリカ、イギリス、カナダに約800機納入された。

> **データ**
> 乗員：2名
> 動力装置：レインジャー SGV-770-8 直列液冷エンジン　600hp×1
> 最高速度：277km/h
> 翼幅：11.58m
> 全長：11.23m
> 全高：4.57m
> 重量：最大 2600kg

# シーミュー「カモメというより、むしろセイウチ」
シーミュー シーカウ

イギリス海軍航空隊の搭乗員はシーミューをこと
のほか忌み嫌い、シーカウ（セイウチ）と呼んで
いた。

## 選択権は
## クルーにあり

搭乗員や戦艦の艦長のほぼ全員
がSOC複葉機に軍配を上げた
ため、不安定で信頼できないシー
ミューに代わり、先代の機体
が保管場所から復帰することに
なった。

タイガーモスの無線操縦標的
機バージョンであるクイーンビ
ーの後継として、イギリス軍は
SO3Cの同様の改造型、クイー
ンシーミューを約30機導入した。

戦艦や巡洋艦のカタパルトに乗せ
るまでの収納を考慮し、主翼は折
りたためる構造になっていた。

垂直尾翼前縁フィレットの前部
は後部キャノピーにつけられて
いたため、開閉のつど前後に動
いた。写真のようにキャノピー
が開いた状態では、垂直尾翼の
有効面積が減少し、横方向の安
定性も低下した。

量産機は翼端が上向きの珍しい形
状をしていたが、おそらく根元か
ら翼端にかけての上反角を増すの
と同じ効果を期待したものだった
と思われる。

SO3Cに搭載されていたV
型12気筒のレインジャー
エンジンは、同社の6気筒
直列エンジンよりも信頼
性に欠け、故障が多発する
ことで知られ、数々の事故
の原因となった。

# カーチスXP-55アセンダー
## CURTISS XP-55 ASCENDER

1940年を境に、バルティーXP-54、ノースロップXP-56など、〝型にはまらない〟設計の戦闘機が競って発表されたが、その結果誕生したのが、推進プロペラや後退角の鋭い翼を採用し、機首付近に小翼を配したカナード機、XP-55だった。カーチス社はアセンダーという愛称をつけたが、後ろ向きを連想させる外観のため、アス・エンダー（ロバ殺しまたは尻殺し）という蔑称で呼ばれることが多かった。プラット＆ホイットニーX-1800を搭載する予定で進められてきたが、このエンジンプロジェクトがキャンセルされたため、標準のアリソンV-1710が採用された。こうした変わった機体デザインを採用したため、アセンダーは当然のように安定性の問題に悩まされ、改善のため翼面積を数回にわたって拡大した。離陸距離が長く、なかなか飛び立てないという欠陥については機首の小翼を改良する措置がとられた。3機製作されたうち2機が墜落し、パイロット1名、運悪く現場に居合わせた1名が犠牲になった。

2度の墜落は両方とも失速特性に欠陥があったからだった。初歩的な失速警報装置がつけられたものの、パイロットの大半が、実に操縦性が悪く、危険性が非常に高い機体だと評していた。動力装置を後部に配置したこともトラブルの大きな要因となった。エンジンの冷却系統に多くの問題が集中し、エンジン温度がほぼ常に危険領域まで上昇するという状況を招いた。

## 安定性の問題解決のため、翼面積を何回か拡大した。

アセンダーは公式報告書に〝戦闘機としては望ましい機体ではない〟と明記された。

### データ

乗員：1名
動力装置：アリソンV-1710-95 液冷ピストンエンジン　1475hp×1
最高速度：628km/h
翼幅：13.42m
全長：9.02m
全高：3.07m
重量：3325kg

# XP-55アセンダー「ロバ殺し」
<sub>アス・エンダー</sub>

ワシントンD.C.の国立航空
宇宙博物館に行けば、アセ
ンダーの試作機、機体番号
42-78846が見学できる。

エンジン搭載場所の関係で冷却
能力がギリギリとなり、地上走
行時間を最短に保たないとエン
ジンが簡単にオーバーヒートし
てしまった。

## お粗末な性能

急進的な外観とは裏腹に、アセンダー
の性能値は同規模の一般型型式航空機
と大した違いはなかった。試験飛行の
結果、メーカーが発表した性能予測値
を下回ることが判明した。

アセンダーの前翼は、正確な意
味でのカナードではなかった。
固定された安定板を持たない浮
動式の小翼であり、上下に68
度動くようになっていたが、離
陸時には下方向の角度は17度
までに制限されていた。

テストパイロットによると、操
縦席後方に格納されているスラ
イド式はしごを使わなければコ
ックピットから出入りできない
という不便な設計だったという。

通常とは異なるレイアウトの機
体設計が失速特性の悪化を招き、
失速警報がほとんど役に立たず、
失速から回復させるにはかなり
の高度の低下をともなわねばな
らなかった。

XP-55は本質的に無尾翼機に
近い設計であった。垂直尾翼と
しては、機体後方と外翼に痕跡
といってよいほどの小型のもの
を持つだけである。

# ド・ブリュイエールC1
## DE BRUYERE C1

　最も異端派の（しかも世に知られていない）戦闘機のひとつであるC1は、ある意味時代を先取りしていたのだが、初飛行を達成できなかった飛行機列伝の一員に加わってしまった。ブリュイエールというフランス人技術者が設計したC1は、プロペラを推進式に装備し、長くて流線型の後部胴体をもっていた。胴体の主要部分は金属構造で、単輪式の前脚が機首に半分埋まった形で取り付けられていた。本機は重量級で短砲身のホチキス37mm砲を搭載することを意図して設計されたもので、その射界がプロペラに遮られないよう、このようなデザインとなったのである。C1の初飛行について述べた報告書によると、同機は滑走を開始し、スピードを上げて離陸した後、あお向けに墜落したという。それ以後C1本体や設計者に関する情報は一切聞かれなくなってしまった。

### データ

**乗員**：1名
**動力装置**：（推定）イスパノースイザ 8AA
直列液冷エンジン　150hp×1
**巡航速度**：不明
**全長**：不明
**全高**：不明
**重量**：不明

## 初飛行を達成できなかった
## 飛行機列伝の一員に加わってしまった。

C1は上下逆さまに作られたような外見だったが、離陸からわずか数秒後、本当に真っ逆さまになってしまった。

# ド・ブリュイエールC1「奇妙な一発屋」

C1はアルバトロスD.Ⅲと同じようにVストラットを採用しているが、特性から考えると上下が逆だった。墜落の原因として上翼が曲がってしまったことが考えられる。

## 墜落、炎上

実に個性的な飛行機、ド・ブリュイエールC1は、飛べないことを運命づけられた機体だった。ありがたいことに初飛行で墜落したおかげでプロジェクトは棚上げとなり、設計者は恥の上塗りをせずに済んだといえる。

離陸滑走開始時にベントラルフィンとテールスキッドが必然的に地面をこするデザインのため、迎え角が限られ、浮力も増加しないことになった。

機体中央に搭載したエンジンからの動力を延長軸経由でプロペラを駆動していた。当時の技術力から考えると、この軸の強度にも疑問が残るところだ。

# ジービー・レーサー

## GEE BEE RACERS

　マサチューセッツ州スプリングフィールドのグランヴィル5兄弟は、1920年代から1930年代にかけて、大馬力のジービー・レーサーで有名になった。機体そのものは墜落事故で悪名をはせ、〝飛べない〟飛行機であるとのうわさも広まった。モデルZは何度かレースで優勝を果たしたが、その中の1機がスピード記録への挑戦で翼が折れ曲がり、致命的な事故を起こした。樽型の胴体が特徴的なR-1とR-2は、本質的に、入手可能な最強のエンジンの後ろに可能な限り小型化した機体をくっつけたものだった。ジービーを〝太くて短い翼を生やした下水管〟と呼ぶ者もいたくらいである。ジービーは通常翼幅より全長が短い構造で、着陸速度が非常に速く、操縦がとてつもなく難しいため最も熟練したパイロットでなければ飛ばすことができない機体であった。モデルRシリーズは何度か墜落事故にみまわれている。モデルR-2ではパイロットが死亡し、復元された後にも1度ならず2度も墜落している。R-2にR-1の部品を加えて作ったハイブリッド機は、第1回試験飛行で死亡事故を起こしてしまった。

　ジービーシリーズは1930年代の航空レースで絶大な人気を博し、おおぜいの航空機ファンを魅了してやまなかった。競技用としては理想的な機体だったが、腕利きで命知らずのパイロットが、もてる技量を精一杯発揮しなければ操縦できない〝タチの悪い〟ところも人気の理由だったかもしれない。

## 機体そのものは墜落事故で悪名をはせた。

大恐慌時代、飛行機レースは大変な人気を呼んだ。大衆はジービー・レーサーのスリルたっぷりの飛びっぷりに熱狂したのである。

| データ | |
|---|---|
| 乗員 | 1名 |
| 動力装置 | プラット＆ホイットニー WASP T3D1 星型ピストンエンジン 730hp×1 |
| 最高速度 | 476km/h |
| 翼幅 | 7.62m |
| 全長 | 5.33m |
| 全高 | 不明 |
| 全備重量 | 1395kg |

# ジービー・レーサー「太くて短い翼を生やした下水管」

ジービーシリーズはロバート・ホールによって設計されたが、彼は特に賞金の高いトンプソン・トロフィーレースには大きな関心を寄せていた。

## スリルと流血

ジービー・レーサーは飛行機マニアのあいだから強い支持を得た機体であり、大成功を収めたことも間違いないが、その一方でまさに死の落とし穴だったという事実は変えようがない。

R-1とR-2は、パイロットの視界も含めたほとんどの要素を犠牲にし、前面面積を最小にするよう設計されていた。高速で視界がほとんど確保できない状況での着陸はスリル満点だった。

R-1は周回レースを得意とし、R-2はクロスカントリーレース向けとして燃料が多く積める仕様だった。ハイブリッド機にはタンクが追加されたが、重心が大きく後部に移動してしまった。

少なくともジービーの事故のひとつは、主翼のフラッターが原因だったのではないかといわれている。機体がレースの速度に達すると共鳴現象を起こし、すぐに破壊してしまう危険があった。

# グラマンXF10Fジャグァー

## GRUMMAN XF10F JAGUAR

FF複葉機からF-14トムキャットにいたる40年にわたるグラマン社の戦闘機開発プロジェクトのなかで、XF5F-1スカイロケット、そしてXF10F-1ジャグァーは、アメリカ海軍に採用されなかった数少ない機体のひとつに挙げられている。F9Fパンサーのデルタ翼再設計版として1948年に計画が開始されたジャグァーは、設計が進められるあいだに、ずんぐりした外形ながら初の可変後退翼（VG翼あるいはスイング・ウイング）戦闘機へと発展していった。この可変後退翼機構とそれに付随するフラップやスポイラーは恐ろしく複雑な構造となったが、トラブルの大半は小振りな水平尾翼が原因によるものであり、安定した飛行がほぼ維持できないことが立証されたほか、例によってウェスティングハウス製エンジンが弱点となった。

海軍航空の歴史上ではめったにないことだが、ジャグァーのプロジェクト

を中止させようとした中心人物は、従来どんなに欠陥があってもプロジェクト継続を主張するはずの海軍側プロジェクト担当士官だった。結局飛行可能なジャグァーは空母甲板上のクラッシュ・バリアのテスト機として使われ、静強度試験機は戦車砲の標的として破壊されてしまった。

グラマン社は、ジャグァーで採用した先端技術を完全な状態に仕上げる技術作業量を大幅に少なく見積もっていたため、原型機XF10F-1が初飛行にこぎつけたのは1953年5月19日のことで、本来のスケジュールより3年も遅れていた。皮肉なことに、ジャグァーの最大の特徴であり、まさに革新的だったVG翼は一度もトラブルを起こさず、同機のテストパイロットであるコーウィン・H・メイヤーは、どのような状況下でもためらわずに可変機構を使用できたと報告している。

## 安定した飛行がほぼ維持できないことが立証された。

ジャグァーの飛行回数は、プログラムが終了するまでにわずか32回、そのすべてに何かしら問題が発生した。

**データ**
乗員：1名
動力装置：ウェスティングハウス XJ40-W-8 ターボジェットエンジン3080kg×1
最高速度：1142km/h
翼幅：VG 翼最大展開時15.48m、VG 翼最後退時11.19m
全長：16.46m
全高：4.95m
全備重量：14,180kg

# XF10Fジャグァー「空飛ぶ猫」

ジャグァーのプロジェクトの終焉により、アメリカ海軍はVG翼戦闘機を世界最初に実用配備するというチャンスを逃してしまった。

## 試験不足が招いた結末

アメリカ海軍戦闘機設計にかけてはトップクラスに君臨していたグラマン社は、テストベッドによる可変後退翼理論の実験をせずに大量発注を取り付けていたのだった。

その後のVG翼のように外側の主翼部分だけが可動式の構造ではなく、XF10F-1では回転軸（ピボット）が機体中心線上に置かれ、主翼全体の後退角を変化させると同時にピボットも前後に動くという複雑な機構を採用していた。

主翼の後退角が最大になると方向制御が限界に達し、方向舵がまったく役に立たなくなった。スポイラーの機構が非常に複雑で故障しやすく、そうなると横操縦は小型の補助翼だけで行うことになり、ロールの反応は最悪となった。

主翼を最大限後退させると42.5度になったが、それによる性能向上分の大半が主翼後退角変更メカニズムの重量増によって相殺されてしまった。

水平尾翼は、弾丸状の部分の先端にある小型デルタ翼を操作することにより作動するという奇抜な機構だった。この操作で主昇降舵も動くのだが、不幸なことに、操縦桿と操縦翼面の反応にタイムラグが生じてパイロット誘起振動（PIO）が発生、ジャグァーは文字通り制御不能に陥ることが多かった。

ジャグァーは、ウェスティングハウス社製J40エンジンによって失敗に追い込まれたもうひとつの海軍戦闘機でもあった。エンジン開発遅延に悩まされただけでなく、予定されたアフターバーナーは入手できずに終わったのである。

# ラボーチキンLaGG-1/-3

## LAVOCHKIN LAGG-1 AND LAGG-3

1938年、ソ連設計局のセミヨン・ラボーチキン、ウラジミール・ゴルブノフ、ミハイル・グドコフ（彼らの頭文字からLaGGと命名された）は、プラスチック含浸木材を構造材とした新型戦闘機製作を開始した。つややかに磨き上げられた試作機はかなりのスピードが出たが、操縦が非常に困難で、航続距離や上昇限度、運動性については予想を下回っていた。前線部隊に配備された量産機は仕上がりが雑でさらに使い物にならず、先代のコックピット開放型ポリカルポフI-16よりも速度が出せないことが証明された。設計をやり直す時間もなく、生産と並行して改良を徐々に進めていった。LaGG-3は本来LaGG-1改良型として継続的に生産された機体だったのだが、こちらも合格基準の性能が出せなかった。〝葬儀屋の同志〟というあだ名がつき、パイロットたちはLaGGは〝ニス塗り、

保証付き棺桶〟（訳注：ロシア語でLakirovannii Grantirovannii Grob）の頭文字じゃないかと冗談を飛ばした。LaGG-3の評判はこのように芳しくなかったが、1941年9月から1943年1月にかけてのレニングラード包囲戦では優れた活躍を見せた。事実、ソ連の戦闘機パイロットの多くが、1941年末、北部戦線に少数配備されたホーカー・ハリケーンよりもLaGG-3を好んだ。LaGGはハリケーンよりも運動性にすぐれ、20mmまたは23mm砲と12.7mm機銃の威力はハリケーンの7.7mm機銃を上回っていたのだ。

ゴルブノフやグドコフが開発から手を引いた後、ラボーチキンはLaGGを下敷きにしたLa-5FNとLa-7の設計を継続した。両者とも星型14気筒エンジンを搭載した戦闘機として成功を収め、その後まったく新しい設計のLa-9、La-11を誕生させた。

## 操縦が非常に困難で、航続距離や上昇限度は予想を下回った。

ドイツ侵攻後戦局が悪化し、スターリンから生産の極大化の厳命が下ったため、LaGG-1は不具合の大半を解決せぬまま急ピッチで生産された。

### データ
乗員：1名
動力装置：クリモフM-105P 液冷ピストンエンジン 1100hp×1
最高速度：600km/h
翼幅：9.80m
全長：8.81m
全高：2.70m
全備重量：3380kg

# LaGG-1/-3「葬儀屋の同志」

北西部戦線でLaGGが挙げた戦果の大半は、相手方のフィンランド軍の機体のほとんどが時代遅れだったという実情のおかげだった。

## 遅れは絶対に許されない

当時の政治情勢は生産の遅延を絶対に許さなかったため、改良作業は少しずつ進められた。ひとにぎりの熟練パイロットが操縦したLaGGは次の高性能戦闘機登場までに高い撃墜率を記録した。

初期のLaGGに搭載されていたコックピットのガラスがあまりにもひどい品質だったため、一部のパイロットは、最高速度が14km/h犠牲になることを承知で、キャノピーを開けたまま飛んだり、キャノピーごと外したりした。

LaGGの木製構造は戦略的物資を使わないよう意図されていた。設計者のゴルブノフは「ソ連に少しでも木立が残っている限り、まだまだ戦闘機は作れる」と語っている。

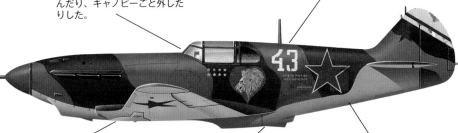

着陸体勢に入ると警告（バフェッティング）もなしに失速することが多かった。着陸装置が脆弱だったこともあり、着陸時の事故で多くの機体が大破した。

LaGG-1はその後、外翼に燃料タンクと20mm機関砲が追加装備された。

LaGGは、急なバンク（横転）をすると、いきなりスピンに入る傾向があった。この問題点を解決するため、初期のLaGGは外部に大型のバランスウエイトを搭載した。

# ラボーチキンLa-250

## LAVOCHKIN LA-250

La-250は、機体とレーダー、ミサイルを総合的に開発する、ソ連初の〝ウェポンズ・システム〟として設計されたが、数々の失敗に悩まされ、システムを完全に統合することはついにできないまま終わってしまった。1956年7月、La-250の原型機は、初飛行で墜落するという記録を持つ一群の飛行機の仲間入りをした。同機は離陸直後に旋回し、着地してフェンスを突き破ってしまったが、その一連の動きは、蛇を連想させる胴体の姿から名付けられた〝アナコンダ〟という愛称を彷彿とさせずにはいられないものだった。地上試験を徹底的に実施した結果、事故原因はパイロットが操縦不能状態に陥ったためと断定され、設計がやり直された。1957年11月には2機

目のLa-250が着陸時に墜落、1958年9月には2度目と同じ状況で3機目も墜落した。3号機を復元し、試験プログラムの一部を実施した後、プロジェクトは1959年にキャンセルされた。セミョン・ラボーチキンが亡くなり、彼の設計局が解体された直後のことである。組織改編後、設計局は別のミサイルプロジェクトで多大な成果を挙げた。

La-250のデザインはあまりに平凡で訴求力に著しく欠けており、設計局が提示していた計画性能値はあまりにも楽観的すぎた。アメリカがXB-70超音速爆撃機試作機の試験飛行を開始すると、長距離超音速迎撃機を早急に開発するというソ連のあせりは頂点に達したが、La-250もそうした雰囲気のなかで開発されたものだった。

## 提示されていた計画性能値はあまりにも楽観的すぎた。

長年の実績を誇る航空機設計者であるラボーチキンは、大型迎撃機La-250を開発し、それに搭載されるレーダーとミサイルをインテグレート（統合）するという仕事を割り当てられたが、それは彼らの能力を超えるものだった。

### データ
乗員：2名
動力装置：リューリカ AL-7F アフターバーナー付きターボジェットエンジン 推力9000kg×2
最高速度：2000km/h
翼幅：13.90m
全長：25.60m
全高：不明
全備重量：約30,000kg

# ラボーチキンLa-250「ソ連の大蛇」

現存するLa-250は今もモスクワ近郊の
モニノ航空博物館で、数あるほかのソ
連の失敗作とともに陳列されている。

## ソ連製迎撃機

La-250は、アメリカ戦略空軍爆撃機を迎撃で
きる戦闘機を早急に開発しようと狂奔した、
当時のソ連の航空機工業の姿を如実に示した
実例である。

2号機の墜落時に前方の視界が
悪いことが判明し、3号機では
機首を6度下げ、着陸時の視界
がよくなるよう改善した。

単座機として設計されたが、試
作機には飛行試験担当技術者用
に第2座席が用意されていた。

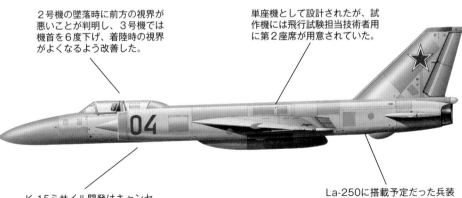

K-15ミサイル開発はキャンセ
ルとなり、La-250にもレーダ
ーが搭載されぬまま、開発は取
りやめになった。

La-250に搭載予定だった兵装
は、ウラガンレーダーのビームに
よって誘導される、射程30kmの
K-15ミサイル2基であった。

# ローナーAA型
## LOHNER TYPE AA

　1916年、オーストリア・ハンガリー帝国のローナー社は、ドイツ航空業界の競争に参入するべく、4機の戦闘機試作機を提出した。4機すべてにTyp（Type＝型式）AAと、まぎらわしい名前がつけられているが、設計番号でも呼ばれる（10.20や111.03など）。初期に誕生した10.20は側面が平たく、機体の高さが全長の3分の2という異様な外見であった。10.20は方向舵が小さ過ぎ、胴体の底面の面積が広い設計だったため、当然ながら地面をまっすぐに滑走できなかった。方向舵は1916年12月の初飛行までに何度か広げられたが、それでも飛行時の安定性は保てず、事故で損壊した。2度の復元を経た10.20Aはいくぶんまともに均衡が取れるようになったが、1917年6月には最後となる致命的な事故にみまわれた。

　水上飛行機メーカーとしてすでに名を成していたローナー社だが、陸上機の設計では運に見放されていた。たとえばローナーC型偵察機は1916年初頭に配備され、その年いっぱい実戦に参加したが、満足のいく成果を上げられず、多数の損失機を出した。

### データ
乗員：1名
動力装置：アウストロ・ダイムラー直列液冷エンジン　185hp×1
最高速度：不明
翼幅：6.60m
全長：4.65m
全高：3.05m
重量：不明

## 側面が平たい異様な外見。

同社の他の戦闘機もそうだったように、AA型も試作機から先に進まなかった。ローナー社は世界最古の航空機メーカーのひとつであり、こうした悪評をはねのけるだけの設計実績があったにもかかわらず成功することはなかった。

# AA型「ローナーの敗残兵」

AA型(10.20)は漫画や子どものおもちゃ箱から抜け出したような姿をしていた。相当な改良を加えても操縦性に不満が残った。

## E型複葉機

設計者のヤコブ・ローナーは、AA型の欠点をふまえ、E型複葉水上機の設計にはおのずと力が入った。能力を発揮したE型は第1次世界大戦末まで実戦で使用された。

不安定さを解消するため、10.20の全長は4.65mから5.85m、さらに6.35mに伸ばされた。翼支柱と尾翼の改良は徹底して行われた。

高さのあるテール・スキッドのせいで尾翼は地面からかなり高く保たれ、地上における迎え角が減るため、離陸時間が長くなりやすかった。

オリジナルの小型垂直尾翼は1枚の可動式翼面となっており、方向制御が不充分なのも不思議ではない。10.20Aではさらに大型の垂直尾翼に換装した。

10.20

# メッサーシュミットMe210
## MESSERSCHMITT ME210

　大戦勃発までにMe110駆逐機の後継機開発計画を立てたドイツ航空省は、1939年9月に原型機が飛ぶかなり以前にMe210の1000機分の部品を発注した。計画が誤った方向に進み始めたのはこの頃からである。Me210原型機は縦方向と横方向ともに安定性が不良と報告したテストパイロットは、運良く機体が空中分解する前に帰還できた。その後の試験飛行は回数を増すごとに欠陥が目立つようになった。2枚式垂直尾翼を1枚に変更し、胴体を延長させたが、スピンに入りやすいという欠点を含めて安定性と操縦性の問題点は解決しなかった。試作機16機、先行量産型94機を投入し、多数のトラブルを究明するという異例の事態となった。その結果、どういうわけか操縦特性はほとんどの機体ごとに違うことがわかった。

　Me110で経験を積んだパイロットが、Me210に搭乗すると墜落事故を起こしやすいことも判明した。事態はさらに深刻化したため、プログラムは1942年初頭にキャンセルされ、Me110の生産が再開された。

　Me210は何度か実戦を体験しており、1941年末にII/ZG1（第1駆逐航空団、第2飛行隊）が結成された。この部隊は作戦遂行や臨時呼集の際、稼働機が総勢力の3分の1以上も集まったためしがなかった。さまざまな改良が施され、1942年7月、Me210に主翼前縁スラットが装備され、機体の飛行特性は大幅に向上したが、プログラムを存続させるには遅すぎた。Me210のキャンセルで、メッサーシュミット社は3000万ライヒスマルクの損害を被った。

## Me 210原型機は縦方向と横方向ともに安定性不良と報告したテストパイロットは運良く機体が空中分解する前に帰還できた。

Me210はメッサーシュミット社にとってまれに見る失敗作だった。

### データ

乗員：1名
動力装置：ダイムラーベンツ DB 601 F 液冷ピストンエンジン　1395hp×2
最高速度：620km/h
翼幅：16.40m
全長：12.22m
全高：4.30m
重量：8100kg

# Me210「メッサーシュミット社のヘマ」

Mess

Me210はしばらく高速軽爆撃機として投入され、1944年初頭のイギリス本土爆撃（リトル・ブリッツ）にも参加している。

## 先代の汚名

メッサーシュミットの創業者はMe210の欠陥を理由に退陣を余儀なくされた。外見がよく似ているMe410は、先代Me210の悪評にジャマされて比較的少数が就役しただけであった。

後部砲手は胴体側面左右一対のターレット（13mm機銃各1）を操作したが、実戦投入当初はトラブルが多発した。前方射撃用武器として、20mm機関砲2門、7.9mm機関銃2挺が搭載されていた。

試作機の尾翼はMe110同様2枚装備されていた。だが、安定性の問題を解決するため、以降の機体では1枚の尾翼で面積を広げた。それでもトラブルはあまり改善されなかった。

後期のMe210は両翼の前縁に自動式スラットを装備し、胴体後部を延長する改良が施された。こうした仕様変更は、同機よりはるかに性能的にすぐれたMe 410 ホルニッセ（訳注：ドイツ語でホーネット〝スズメバチ〟の意）に受け継がれた。

# ミニエ・プー・ド・シェル

## MIGNET FLYING FLEA

　フランスの発明家、アンリ・ミニエは1933年、ホームビルト（自作）軽飛行機、プー・ド・シェル（フランス語で空飛ぶシラミ）を生み出した。同機は世界中で熱狂的な人気を博し、荷造りさえできれば誰でも作れるがうたい文句の飛行機の作り方・操縦法の独習本がベストセラーとなった。その本が英語に翻訳されると、さまざまな国で〝ノミ飛行機ブーム〟（イギリスではなぜかPou＝シラミが、Flea＝ノミと訳された）が起こった。特にイギリス全土で、熱心なアマチュア飛行マニアがさまざまなエンジンや翼幅の異なるバリエーションのホームビルト機の製作を始めた。だが1936年に死亡事故が相次いだため、風洞実験が行われた結果、フリーは機首が15度以下に下がると、不適当なピッチングモーメントが発生して機首を持ち上げ、墜落が避けられないことが証明された。ノミ飛行機は、1939年に発売禁止となり、二度と脚光を浴びることはなかった。

　第2次世界大戦後、ミニエは「プー・ド・シェル」の再起をかけ、1946年6月に新型機、HM-290の計画を発表した。このときは熱狂的なブームにまではいたらず、戦前のフリーには構造上の欠陥があり、飛行中の事故で多数の死亡者を出したという話が大げさな噂となって広まり、普及を試みようとしてもうまくはいかなかったのである。

## 1939年に発売禁止となりふたたび脚光を浴びることはなかった。

1930年代、道を歩く人の上に飛行機が落ちてくるかもしれないと、プー・ド・シェルは脅威の対象となった。写真は1970年代にアメリカで製作された改良版である。

### データ
乗員：1名
動力装置：カーデンフォードCARDEN-FORD ピストンエンジン　30hp×1
最高速度：113km/h
翼幅：7.01m
全長：4.01m
全高：1.68m
全備重量：250kg

# プー・ド・シェル「空のシラミと呼ばれた飛行機」

いまだ満たされぬミニエの夢の記念碑として、イギリスやフランスの博物館には、プー・ド・シェルが多数展示されている。

## ミニエの誠意

試行錯誤を繰り返しながら自作機を世界中に普及しようとつとめたアンリ・ミニエは、1965年8月、71歳で亡くなった。すべての事故が物語るように、設計に対する彼の真摯な姿勢は明らかに的外れだった。

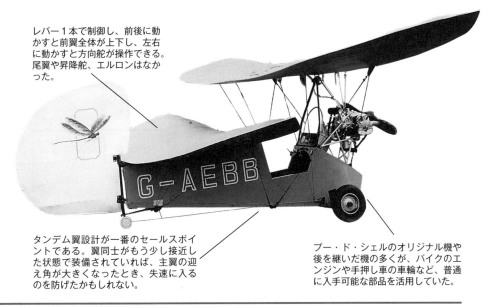

レバー1本で制御し、前後に動かすと前翼全体が上下し、左右に動かすと方向舵が操作できる。尾翼や昇降舵、エルロンはなかった。

タンデム翼設計が一番のセールスポイントである。翼同士がもう少し接近した状態で装備されていれば、主翼の迎え角が大きくなったとき、失速に入るのを防げたかもしれない。

プー・ド・シェルのオリジナル機や後を継いだ機の多くが、バイクのエンジンや手押し車の車輪など、普通に入手可能な部品を活用していた。

# ノースロップ XB-35/YB-49

## NORTHROP XB-35/YB-49 FLYING WINGS

B-35が発注されたのは1941年と早かったが、1944年になるとこの全翼爆撃機を第2次世界大戦に間に合わせることはとうてい無理なことがわかり、しかも時代遅れであると考えられるにいたった。このため次なる戦争に向け、ジェット推進型機の開発が始まった。ピストンエンジン搭載のXB-35は戦後の1946年6月、ジェットエンジン搭載のYB-49は1947年10月に初飛行した。XB-35は当初2重反転プロペラを装備していたが、ギアボックスの不具合が長引いたことや、予期せぬ偏揺れのため、プログラムの進行は大幅に遅延した。

YB-49は順調に機能していたが、2号機は引き起こし試験中突然裏返しとなり、外翼が外れて墜落した。エド

ワーズ空軍基地は、このとき事故死したパイロット、グレン・W・エドワーズ大尉の名にちなんでいる。爆撃機、偵察機、電子情報収集機と、あらゆる種類の派生型が計画されていたが、プロジェクトそのものが、製作途中にあった10数機の完成を待たずにキャンセルとなり、すべて廃棄処分となった。

ただし実際には1機のYRB-49Aだけが辛うじて完成しており、1950年5月4日に初飛行を終えている。同機にはアリソンJ35-A-21ターボジェット6基が搭載されたが、うち4基は翼の中に埋め込まれ、2基は翼下面のパイロンに下げてあった。YRB-49Aは乗員6名、胴体後部のコンパートメント内に最新鋭の高々度カメラなどを搭載する計画だった。

## ギアボックスの不具合が長引き、予期せぬ偏揺れが起きた。

XB-35（写真）とYB-49は従来型のコンベアB-36との競争に敗れ、世界は初の全翼爆撃機の登場を、ノースロップB-2Aが就役する1990年代まで待たなければならなかった。

データ（XB-35）

**乗員**：8名
**動力装置**：プラット＆ホイットニー R-4360 星型空冷エンジン　3000hp×4
**最高速度**：629km/h
**翼幅**：52.42m
**全長**：16.32m
**全高**：6.16m
**重量**：81,647kg

**1945年アメリカ**

## B-35/B-49全翼機「ノースロップ社の強敵」

YB-49の唯一の自慢は、1953年の映画「宇宙戦争」で、侵略する火星人に原子爆弾を投下する機体として登場していることだろう（映画はこのシーンがなければ台無しだったと言われた）。

### 全翼爆撃機

ノースロップ社が1940年代に全翼爆撃機を作ろうとしたことは不運な試みであった（人命にかかわる事態も発生した）。全翼機のスタイルが航空機として完成を見るのは、それからおよそ半世紀も後のことだったのだ。

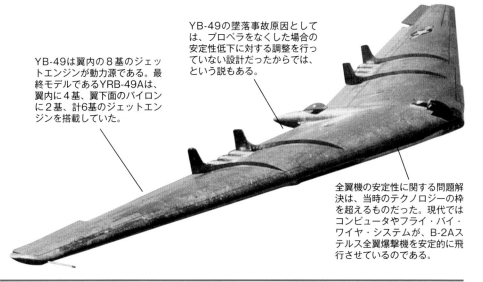

YB-49の墜落事故原因としては、プロペラをなくした場合の安定性低下に対する調整を行っていない設計だったからでは、という説もある。

YB-49は翼内の8基のジェットエンジンが動力源である。最終モデルであるYRB-49Aは、翼内に4基、翼下面のパイロンに2基、計6基のジェットエンジンを搭載していた。

全翼機の安定性に関する問題解決は、当時のテクノロジーの枠を超えるものだった。現代ではコンピュータやフライ・バイ・ワイヤ・システムが、B-2Aステルス全翼爆撃機を安定的に飛行させているのである。

# ノースロップXP-56

## NORTHROP XP-56 BLACK BULLET

　ノースロップXP-56（試作初号機の機体色はメタリックシルバー、2号機はオリーブドラブ）に、ブラック・バレット（黒い弾丸）という愛称がついた経緯は不明である。確かに銃弾（Bullet）に似た機体だが、推進速度も方向安定性も不足していた。試作初号機は垂直尾翼がなく、胴体後部下面に安定を保つためというより、プロペラの保護に役立てるためのフィンを装備していただけであった。このようなアレンジは当然ながら不適切であり、ノーズヘビーはなかったものの、尾部が重過ぎるという問題も抱えていた。高速タキシングテストではタイヤがパンクして180度回転し、テストパイロットのジョン・マイヤーズは機外に投げ出された。ポロ競技のヘルメットを装着していたマイヤーズは一命を取り留め、試作2号機には上面に垂直安定板が装備された。2000hpの

エンジンを搭載したXP-56は馬力不足ではなかったが、予想よりもスピードが出せないことが明らかになった。予定していたX-1800水冷式エンジンがキャンセルになり、代わりに搭載されたR-2800星型空冷ピストンエンジンは、推進プロペラのレイアウトに最適とはいえなかった。燃費がかさみ、風洞試験の実施を待っていた途中でプロジェクトはキャンセルされた。

　XP-56プロジェクトの最も大きな功績は、マグネシウムを溶接した機体構造が利用可能なことを証明したことだ。武装としては20mm機関砲2門と12.7mm機関銃4挺を機首に配備できる設計だったが、試作機ではどちらも搭載されなかった。第2次世界大戦後に大量の航空機が処分されたが、試作2号機は難を逃れ、現在はスミソニアン協会の所有となり、メリーランド州スートランドの施設に保存されている。

## ノーズヘビーはなかったものの
## 尾部が重すぎるという問題があった。

基本的にXP-56は、ノースロップ社の長年にわたるさまざまな全翼機シリーズの一員である。

### データ

乗員：1名
動力装置：プラット＆ホイットニー R-2800-29 星型空冷ピストンエンジン 2000hp×1
最高速度：748km/h
翼幅：12.95m
全長：8.38m
全高：3.35m
重量：最大 5148kg

# ブラック・バレット

## ブラック・バレット「速度より早かったキャンセル」

XP-56は失敗作だったが、ノースロップ社の全翼機開発における空力学的知識拡大におおいに貢献した。

### 実現性の高い選択肢ではなかった

ブラック・バレットの安定性を高める改良の結果、並みの航空機よりいくらかましな程度まで向上したが、軍予算の限度を考えると、将来性のある戦闘機とはいえなかった。

20mm機関砲２門と12.7mm機関銃４挺の武装を機首に搭載する予定だったが、予定のままプロジェクトは終了した。

改良後期には、翼端のインテークから吸い込んだ空気で作動するふいごによりエルロンを操作する機構が採用された。

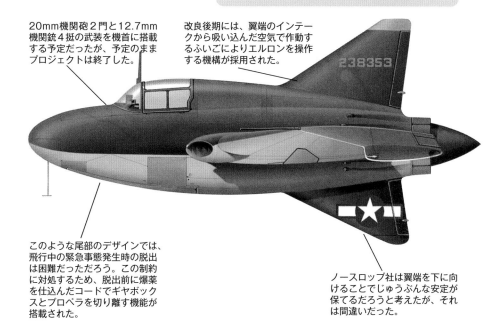

このような尾部のデザインでは、飛行中の緊急事態発生時の脱出は困難だっただろう。この制約に対処するため、脱出前に爆薬を仕込んだコードでギヤボックスとプロペラを切り離す機能が搭載された。

ノースロップ社は翼端を下に向けることでじゅうぶんな安定が保てるだろうと考えたが、それは間違いだった。

# ロールスロイス

**ROLLS-ROYCE 'FLYING BEDSTEAD'**

　ごく基本的な構造の推進測定装置（TMR）、別名〝空飛ぶ寝台架〟は、イギリス初の垂直離着陸（VTOL）機であり、この機体で集めたデータは、ホーカーP.1127（ハリアーの原型）プロジェクトに役立てられた。TMRの総重量はわずか272kg、エンジン２基分の推力を合計したよりも軽く、推力の一部はダクトを通して制御ノズルに送られた。操縦動作のつど上昇推力が減るため、ほんの少し推力を上げることが求められた。つまり、高さを犠牲にしなければ最大推力での制御は無理だったのである。エラーが発生した場合に対処できるような設計上の余裕はほとんどなく、片側のエンジンの調子が悪くなると、もう終わりだった。唯一の長所といえば、エンジンノズルが中心線に推力（浮揚力）を与えるよう配置されていたことで、ひっくり返らずに直立したまま落ちることができることだけだった。

　推進測定装置は２機製作され、1953年７月３日にノッティンガムシア州のハックノール飛行場で初飛行が行われたが、その時は命綱で地上と繋がれたままの浮揚であった。TMRが初めて自由飛行に成功したのは1954年８月３日、ロールスロイス社のチーフテストパイロット、R・T・シェパードが操縦を担当した。命綱を使った第１回飛行では、最高高度15mを達成した。TMRは２機とも墜落し、１機では死者を出した。そこでハリアーでは、TMRとはまったく別のリフトシステムを採用した。

## エラーが発生した場合に対処できる設計上の余裕はほとんどなく、片側のエンジンの調子が悪くなると、もう終わりだった。

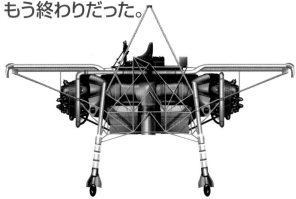

イギリス初の垂直離陸航空機であるTMRは、試験が行われた飛行機で、もっとも危険な機体と評された。

> **データ**
> 乗員：１名
> 動力装置：ロールスロイス
> ニーンターボジェットエン
> ジン　推力1840kg×2
> 最高速度：記録なし
> 翼幅：不明
> 全長：不明
> 全高：不明
> 全備重量：3400kg

# フライング・ベッドステッド

## フライング・ベッドステッド「危険な飛行機械」

### 欠陥は数知れず

TMRは上下するだけで、距離を飛ぶ機体としては設計されておらず、10分間分の燃料しか積んでいなかった。もうひとつの問題は、着陸後もどの方向にも進めないことだった。

TMRは危険な機体だったが、ロールスロイス社のRB.108ダイレクト・リフト・ターボジェットエンジン開発の道を開いた。RB.108リフトジェットは、イギリス初の真の意味での（遷移飛行が可能な）VTOL機となったショートSC.1に5基搭載された。

パイロットが操る操縦桿は、機体前面と後部、左右両端に取り付けられたノズルに圧縮空気を送るバルブ開閉コントロール装置となっていた。

初期のジェットエンジンがみなそうだったように、ニーンも推力の新規設定を行おうとすると、エンジンの新しい調整が必要となるためある程度の時間が必要だった。

パイロットはリグ上部の完全に露出した座席に座っていた。パイロットを墜落からある程度保護するため、初歩的なロールケージが追加されたのは最初の試験プログラム終了直後のことだった。

# スーパーマリン・スイフト

## SUPERMARINE SWIFT

　スイフトはイギリス空軍に初めて就役した後退翼戦闘機であり、ホーカーハンターが失敗した時のバックアップ機としての意味合いが強い機体だった。機関砲の発砲や最高速度、実用上昇限度などさまざまな制限をつけたうえで、1954年2月に最初の生産型スイフトF.1の部隊配備が開始された。しかしその直後から事故が多発し、8月には飛行停止処分とされた。改良型のF.2では武装が強化された分機首が延び、主翼の付け根の変更によって安定性に悪影響が生じた。何の前触れもなく、ピッチアップや自転を起こす傾向があったため、やむを得ず機首に重いバラストを追加する措置が採られた。そしてF.2もまたいくらも使われ

ないうちに飛行禁止になってしまった。F.3は単なる整備用訓練機として使われただけで、F.4はある程度の高度以上でのアフターバーナー点火が禁止された。低高度偵察機のFR.5とミサイル装備型のF.7は実際にはすぐれた機体だったが、製作されたのはFR.5が94機で2個飛行隊に配備、F.7はわずか14機で、部隊配備されることなく終わってしまった。

　スイフトF.1からF.4までの型が、高々度迎撃機として使い物にならなかった基本的な欠陥は、旋回中に失速に入りやすいことと、高々度で機関砲を発砲すると、衝撃波がインテーク内に侵入し、エンジンのフレームアウトを起こすことであった。

## 何の前触れもなくピッチアップや自転を起こす傾向があった。

後退翼機であるスイフトにはかなりの期待が寄せられたが、数々のトラブルに悩まされ、イギリス空軍戦闘機として活躍することがほとんどなかった。

### データ（スイフトF.1）

**乗員**：1名
**動力装置**：ロールスロイス エイボン RA7 ターボジェットエンジン　推力3400kg×1
**最高速度**：1062km/h
**翼幅**：9.85m
**全長**：12.65m
**全高**：3.81m
**全備重量**：7167kg

# スイフト「敏捷だが当てにならない」

ヴィッカース・スーパーマリンはスイフトの教訓を大いに活かし、超音速機545型の開発にとりかかったが、プロジェクトはキャンセルされた。

## 誰のための飛行機だったのか

スイフトは一部の経験豊富なパイロットのあいだでは不評で、80種類以上の機体に搭乗経験のあるロールスロイス社のあるテストパイロットは、飛行とはいえないような方法で自分が空を飛ぶことを体験させてくれた唯一の機体だと報告している。

F.4以降のモデルで可変取り付け角式水平尾翼を搭載した結果、ピッチアップのトラブルがようやく解決した。

開発段階でエンジンはロールスロイス・ニーンから直径の小さなエイボンに換装された。胴体再設計の時間がなかったため、胴体部が必要以上に太かったが、交換する機会を逸してしまった。

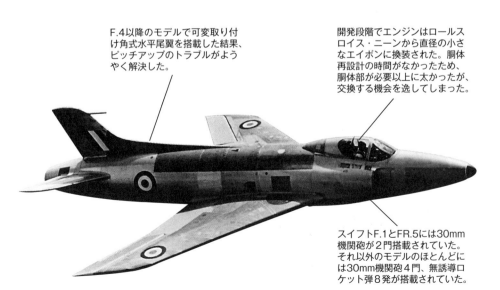

スイフトF.1とFR.5には30mm機関砲が2門搭載されていた。それ以外のモデルのほとんどには30mm機関砲4門、無誘導ロケット弾8発が搭載されていた。

# タラント・テイバー
## TARRANT TABOR

第1次世界大戦中、フランス駐留中のイギリス陸軍向けに可動式木造小屋を準備するという活動で、当時の戦時活動に貢献した不動産開発業者のW・G・タラントは、ベルリンを爆撃し〝都市機能を壊滅させる〟巨大爆撃機の設計をウォルター・バーリングに依頼した。その結果完成したのは、広々とした円筒形の胴体を持つテイバー三葉機で、将来的には100名の乗客をインドに輸送可能な民間向け用途も念頭に置いて設計されていた。テイバーは中央翼のスパンが、第2次世界大戦時のランカスター重爆よりも10m近く大きいという巨人機だった。試験飛行の準備が整う以前から、関係者は上翼と中翼の間にエンジンを2基搭載する構想を疑問視していた。果たして第1回目の飛行試験の離陸滑走で、下部エンジン4基で尾翼が浮き上がるまで加速し、次いで上部エンジン2基のスロットルを開いたところ、一瞬のうちに頭から地面に突っ込み、乗員5名中3名が亡くなった。

ベルリン爆撃機として最終的に選ばれたのは、じゅうぶんに試験を重ねたV/400をさらに発展させた、ハンドレーページV/1500だった。イギリス空軍初の4発機で、尾端に銃座を配置したのも初の試みだった。225機が発注されたが、停戦を挟んだため、最終的に完成したのは35機にとどまった。V/1500は、166、167、274飛行隊で構成される第27（爆撃）連隊がノーフォークにあるバーチャム・ニュートン空軍飛行場で短期間使用している。

## 上部の2発エンジンのスロットルを開いたところ 一瞬のうちに頭から地面に突っ込んだ。

巨大なテイバーの初飛行は、結局機首から真っ逆さまに突っ込んでしまい、地上を離れることはなかった。

### データ
**乗員**：5名
**動力装置**：ネビア・ライオン ピストンエンジン 450hp×6
**最高速度**：不明
**翼幅**：40.00m
**全長**：22.30m
**全高**：11.36m
**重量**：20,263kg

# テイバー
# 「血塗られた破壊者」

テイバーは重すぎるうえに大がかりな構造だったが、たとえ飛行に成功しても、積み込める爆弾の量はきわめて少なかっただろう。

## 三葉機の悲劇

テイバーが墜落事故を起こした後、（おそらく神経質になったのだろう）イギリス空軍は三葉機の全面的廃棄を決めた。この結果、設計者はアメリカに渡り、バーリング爆撃機を生み出した。

テイバーは当初ネピア・タイガーを4基搭載する予定だったが、あえてネピア・ライオン6基に決定した。中央翼と下翼の中間に背中合わせに4基、上翼と中央翼の間に2基搭載された。

筒型の胴体はコンコルドよりも広く、機内にワイヤーや支柱をほとんど使わない設計だった。他とは違い、見事に無駄が省かれていた。

他のあらゆる三葉機とは異なって、テイバーは中翼が一番長く、補助翼も中翼のみにつけられていた。

# ツポレフTu-22ブラインダー

## TUPOLEV TU-22 'BLINDER'

　Tu-22はソ連初の超音速爆撃機で、ヨーロッパやアジア、そして（Tu-22Kミサイル搭載型は）アメリカ空母戦闘群に核攻撃をかけるために設計されたものだ。初期の水平爆撃機型であるTu-22Bは、実戦部隊にはほとんど配備されず、Tu-22Kが軍のテスト機関によって不合格とされたにもかかわらず、大急ぎで実用化された。乗員たちは同機を恐れ、〝飛行不能〟とみなす者もいたくらいである。1960年代にはクルーによって飛行を拒否されたことがあると噂されたが、おそらく真実だったに違いない。多くの不具合の中でも超音速に達すると機体外板の温度が上昇する傾向があり、コントロール・ロッドが変形するため操縦性が悪くなることが問題となっていた。着陸速度はおよそ100km/hも先代の爆撃機より速く、しかも着陸時にピッチアップを起こし、尾部を地面にぶつける事故が多発した。降着装置は過度にバウンドするため、折れることも少なくなかった。特に燃料を積んだミサイル搭載時には大惨事を招くことがあった。射出座席は下方射出タイプのものが搭載されていた。ソ連のブラインダーは約20％が事故によって失われた。

　Tu-22ブラインダーはTu-16バジャーの超音速版後継機として設計され、1961年のツシノ航空ショーで初公開された。ショーに出展されたTu-22は試作前期型とみなされ、ソ連戦略空軍へのデリバリーは翌年の1962年に開始された。初の作戦可能型であるコードネーム、ブラインダー-Aは限定生産機である。次の発達型Tu-22Kブラインダー-Bには空中給油用の受油プローブが装備されていた。12機がイラク、24機がリビアに輸出された。

## 乗員たちは恐れ、〝飛行不能〟とみなす者さえいた。

軍の受領承認試験に合格しなかったが、高性能機であるTu-22ブラインダーは政治的理由によって強制的に部隊配備された。

### データ

**乗員**：3名
**動力装置**：コレソフ RD-7M2 アフターバーナー付きターボジェットエンジン 推力16,500kg×2
**最高速度**：1510km/h
**翼幅**：23.65m
**全長**：41.6m
**全高**：10.67m
**離陸最大重量**：84,000kg

# Tu-22ブラインダー「無分別な酒の運び屋」

ブラインダー完成時のソ連は、アメリカの新型超音速爆撃機、コンベアB-58ハスラーに匹敵する爆撃機を作り出せることを示そうとやっきになっていた。ただしB-58も相当危険な爆撃機だったのだが。

## 未来への足がかり

Tu-22ブラインダーは、飛びにくく整備が困難であることが立証された。その後継機として登場したのが名機Tu-22Mバックファイアで、名称はTu-22シリーズの派生型のようだが、ゼロから設計しなおした新しい機体だった。

操縦室の設計は人間工学を考慮しておらず、パイロットは自動操縦中でさえもひどく体力を消耗した。パイロットの座席は横にあったが、横風着陸中は中央の風防ガラスの枠が視界をふさいだ。

油圧系統と除氷システム用として、Tu-22は最高450リットルの純正穀物アルコールを搭載していた。予測されたことだが、地上勤務員たちはたらふく酒を飲むことができ、ブラインダーに〝酒輸送機〟というご機嫌なあだ名をつけた。

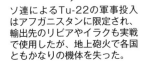

ソ連によるTu-22の軍事投入はアフガニスタンに限定され、輸出先のリビアやイラクも実戦で使用したが、地上砲火で各国ともかなりの機体を失った。

速度の面では改善されたが、ブラインダーはTu-16バジャーよりも航続距離が短く、信頼性も劣り、Tu-16では２基搭載できたKh-22ミサイルも１基しか搭載できなくなった。

Tu-22シリーズは尾部に23mm機関砲を搭載し、機体前方の砲手がテレビカメラで照準を定めていた。この機能はその後電子妨害システムに交換された。

他人の失敗をあげつらうのはたやすい。失敗がその時々の科学や技術の最先端を体現したものであればなおさら批判が鋭くなるのは当然のことといえる。

　しかしその失敗の真の原因や、結果に至るまでの詳しい経過を探るのは容易ではないし、その分野に関する深い知識がなければ正当な評価、批判が出来ないこともまた当然であるといえよう。

　本書は古今の失敗航空機を集め、その失敗の原因や、そうした航空機が生まれなければならなかった時代背景にまで考察を加えたものであり、筆者の航空に関する広範な知識と深い洞察力に裏付けられた膨大な資料集といった趣きの著作である。

　筆者のジム・ウィンチェスターは、第二次大戦から現代に至るまでの航空機に関するエンサイクロペディア・エディターとしてこれまでに多くの書を出版しており、航空機への造詣の深さは余人の追随を許さないものがある。また本書にはフライングマシーンとも言うべき、揺籃期の航空機に関しても普通の航空書や雑誌には出た事もない機体について述べられており、その博識ぶりには大概の航空史研究家も脱帽しないわけにはいかないだろう。

　監訳するにあたっては、訳者も一通りの資料に目を通し、筆者の記すところを検証するという作業を行うわけだが、資料がほとんど見当たらないという知られざる機が本書の中には相当数含まれていることを指摘しておきたい。このことは筆者ウィンチェスターの知識の広さを物語るものといってよいが、読む側としては、かなり飛行機に詳しいと自負する方でも、本書の中で始めてお目にかかったという機体がいくつか出てくるに違いないと思われる。

　航空機というものは軍用、民間を問わず、その時代の最先端を行く技術をもって開発されるのが普通である。空力、素材、構造、装備など最新技術の集大成として開発されながら、結果として失敗作となった航空機の失敗に至った原因を、筆者はタイミングの悪さ、誤った発想、動力システムの不適、構造上の失敗、予期せぬ不安定性の5つに大別して解説している。しかし一読していただければ分かるように、失敗の原因はたいていの場合複合しているもので、それらの要因が複雑にからみ合って、開発者の意図とは裏腹な結果を招くケースが大部分なのである。

# 監訳者あとがき
## AFTERWORDS

　筆者がイントロダクションで指摘しているように、現代ではコンピューターの導入により航空機の設計・開発の失敗のリスクは大幅に減少している。しかし新しい航空機を構想するのも、そのためのデータをコンピューターに入力するのも人間である以上、計画が失敗に終わる可能性は残されている。

　例えば本書に出てくるRAH-66コマンチの代替として計画されたベルARH-70計画は、数億ドルの開発費をかけて試作機の飛行試験段階まで進められながら、先頃発注主である米陸軍によってキャンセルされてしまった。まさに現代における明白な失敗の実例である。

　航空機に限ったことではないが、開発されたモノが製品として実用化されず、失敗として葬り去られるケースは今後も無数に出るであろうし、あるいは実用化されても実質的に計画そのものが失敗（例えば法外なコストのかかった我が国のF-2計画）と認めざるを得ないケースも出てくるであろう。本書はそうした先例を列挙したものであり、読み方によっては示唆に富んだ興味深い書といえるのである。

松崎豊一

**ジム・ウィンチェスター**（Jim Winchester）
航空機、とくに軍用機を専門とする著述家、評論家。
おもな著書に "Fighters of the 20th Century""Combat
Legends: A-4 Skyhawk""Fighter" など。さらに『軍用機
事典』などの編集、'Air Forces Monthly' や 'Aeroplane' な
ど有力誌への寄稿も多い。ロンドン在住。

**松崎豊一**（まつざき・とよかず）
1942 年東京生まれ。早稲田大学政経学部卒業。カメラ会
社勤務、飲食店経営などを経て、1980 年代から航空・軍
事ライターとして各種雑誌に寄稿。原書房、イカロス出版、
グランプリ出版、酣灯社などから著書多数を出版。

図説　世界の「最悪」航空機大全

2023 年 9 月 25 日　第 1 刷

著者　…………ジム・ウィンチェスター
監訳　…………松崎豊一

装幀・本文ＡＤ　…………松木美紀
印刷・製本　…………シナノ印刷株式会社

発行者　…………成瀬雅人
発行所　…………株式会社原書房
　　　　　〒 160-0022　東京都新宿区新宿 1-25-13
　　　　　電話・代表 03-3354-0685
　　　　　http://www.harashobo.co.jp
　　　　　振替・00150-6-151594